人气店招牌三明治

日本柴田书店　编 / [日] 足立由美子　监修

徐菁菁　译

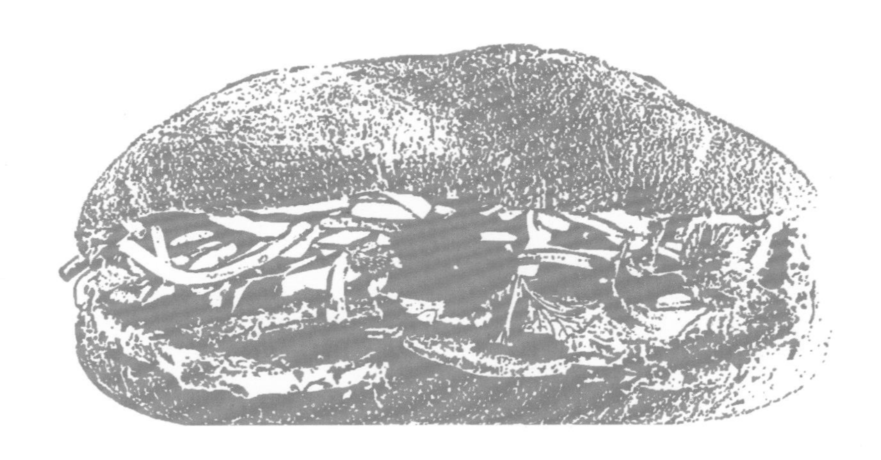

中国轻工业出版社

欢迎来到三明治的新世界！

越式三明治（BANH MI）在越南语中的原意是“面包”，而如今它早已成为了越南风味三明治的统称，并深受世界各国人民的喜爱。

越式三明治原是在法国殖民时期，由法国人传至越南，随后与越南当地的饮食文化相融合，最终形成了自己的特色。如今的越式三明治还在不断变化中，每当我前往越南，就会发现未曾吃过的新越式三明治。

本书中收集了由5家越式三明治专卖店、5家餐厅及面包房主厨共同推荐的多种越式三明治，其中包括在越南常见的经典越式三明治，以及越式无内馅三明治和极具日式风味的新越式三明治等。

越式三明治拥有无限可能，欢迎各位来到三明治的新世界！

［日］足立由美子（监修）

如何制作

第1步

微热面包

选择口感酥脆的面包！

人气店三明治

第2步

切开面包

切面包时注意两端无须全部切开，切成口袋状即可！

第3步

放入食材

塞满各种不同口感、味道的食材！

第4步

用力按压并夹紧食材

尽情享用完成品！

目录

初步了解全书 · 006

第 1 章　经典三明治

猪肉 × 三明治
治恰经典三明治 · 008/036
越南火腿三明治 · 009/034
肝肉酱火腿三明治 · 009/038
中国风味叉烧三明治 · 010/032
炖猪肉鸡蛋三明治 · 010/030
柠檬草烤猪肉三明治 · 011/032
泰国青柠叶炸猪排三明治 · 012/040
肉酱配越南可可三明治 · 012/040
炸春卷三明治 · 013/035
越南烧卖三明治 · 013/038
番茄烩肉丸三明治 · 014/031

鸡肉 × 三明治
烤鸡肉三明治 · 015/037
葱油蒸鸡三明治 · 015/033
蜂蜜柠檬草烤鸡三明治 · 016/031
五香粉烤鸡三明治 · 017/033
咖喱椰子鸡三明治 · 018/041

鱼类 × 三明治
咖喱青花鱼三明治 · 018/031
番茄酱烩青花鱼三明治 · 019/035
黄油烤白身鱼配柠檬草酱三明治 · 020/041
油封三文鱼配凉拌紫甘蓝三明治 · 021/042

豆腐 × 三明治
柠檬草油豆腐三明治 · 022/033

鸡蛋 × 三明治
煎蛋三明治 · 023/037
松软茼蒿煎蛋饼三明治 · 024/039

无内馅三明治
铁板烧配无内馅三明治 · 025
炖牛肉配无内馅三明治 · 026
蒸三明治 · 027

甜三明治
科普克姆三明治（夹着冰激凌的越式三明治）· 028/039
巧克力三明治 · 028/039
蜂蜜黄油三明治 · 029/035

专题
越式三明治☆三明治（BÁNH MÌ☆SANDWICH）· 043
邵氏越南三明治（VIETNAM SANDWICH Thao’s）· 044
惠比寿越式三明治面包坊（EBISU BÁNH MÌ BAKERY）· 045
越式三明治你好（BÁNH MÌ XIN CHÀO）· 046
越式三明治小店（STAND BÁNH MÌ）· 047
招牌！火腿肝肉酱三明治 · 048
自制越南火腿的做法 · 050
肝肉酱的做法 · 051
多种面包介绍 · 052
三明治灵魂——专业面包师所做的法棍面包 · 054

第 2 章　新式三明治

私厨.（KITCHEN.）
私厨.（KITCHEN.）· 056
炙烤鸡肉三明治 · 057/062
清炸蔬菜配绿辣酱奶油奶酪三明治 · 058/062
炒面三明治 · 059/063
酸角金枪鱼蛋黄酱三明治 · 060/063
豆腐配番茄酱三明治 · 061/063

· 目录中“/”前的页码为此款三明治介绍文字所在页码；“/”后的页码为此款三明治的组合材料及部分材料做法所在页码。

安迪（ĂN ĐI）
安迪（ĂN ĐI）· 064
石狩锅风味三明治 · 065/070
柳川锅风味三明治 · 066/070
北陆腌渍组合三明治 · 067/071
马肉三明治 · 068/071
什锦苦瓜三明治 · 069/071

千织便当店（CHIOBEN）
千织便当店（CHIOBEN）· 072
春卷双拼三明治 · 073/078
黑醋鸡与同款风味肉酱配胡萝卜沙拉香菜三明治 · 074/078
萝卜干胡萝卜沙拉配炸年糕蘸虾酱三明治 · 075/079
黑芝麻调味南瓜配香脆猪肉三明治 · 076/079
香菜酱鲜虾刺身配晚白柚三明治 · 077/079

江古田小店（PARLOR江古田）
江古田小店（PARLOR江古田）· 080
沙丁鱼土豆三明治 · 081/086
虾仁配凉拌胡萝卜三明治 · 082/086
柠檬草萨拉米香肠配水芹三明治 · 083/086
牛肉茼蒿煎蛋三明治 · 084/087
香脆腊肉三明治 · 085/087

银座岩鱼（银座ROCKFISH）
银座岩鱼（银座ROCKFISH）· 088
大福芝士三明治 · 089
烤咖喱三明治 · 090
杂鱼多士三明治 · 091
拍香蕉角瓜三明治 · 092
什锦咸菜配马斯卡普尼芝士三明治 · 093
鲑鱼罐头配香辣酱三明治 · 093

专题
中南半岛和用法棍面包做成的三明治
足立由美子 · 094
材料介绍 · 095
越式素三明治
足立由美子 · 095

监修/足立由美子、摄影/天方晴子、设计/矢内里、采访协助/中野阳子、编辑/井上美希

初步了解全书

在第1章中

本章中记载了5家越式三明治专卖店和本书监修足立由美子老师的食谱。同时，也收录了部分店铺的独家秘方食谱。

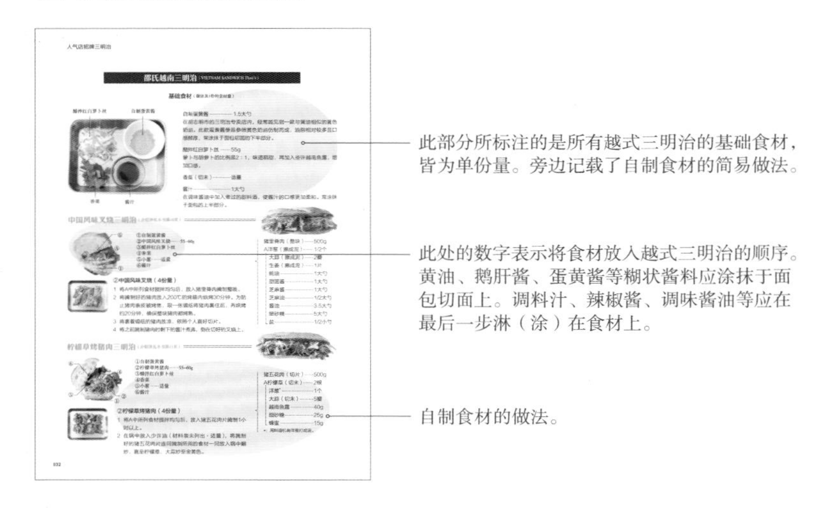

在第2章中

邀请了5家平常不制作三明治的店家，他们精心制作的三明治皆收录在本章节中。

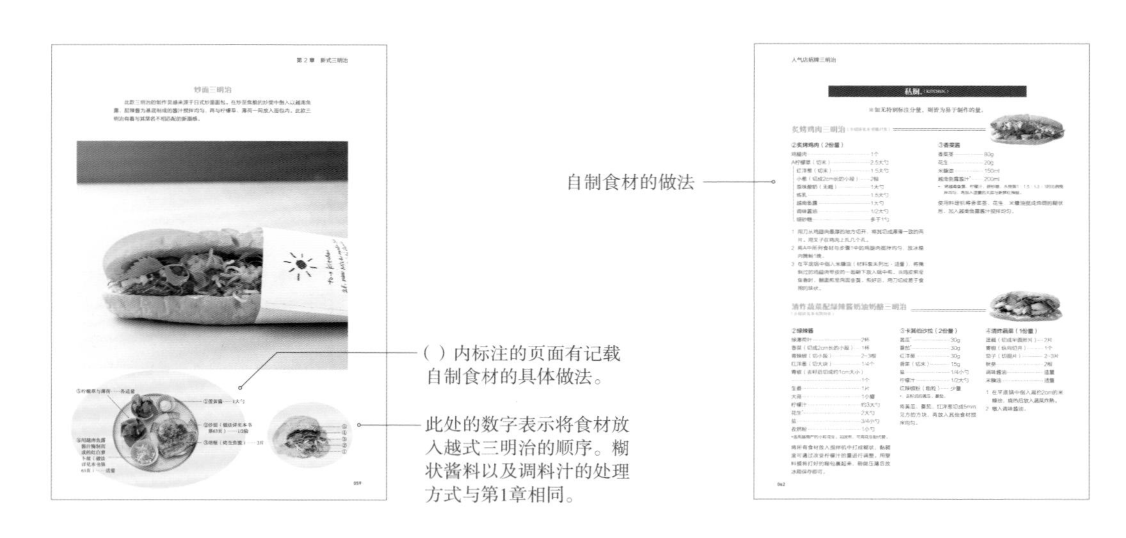

- 本书中所登载的信息为2019年6月的数据，之后可能会有变化。
- 本书中的计量单位，1小勺≈5ml，1大勺≈15ml，1杯≈200ml。
- 本书中所记载的火力大小、烹饪时长仅供参考。读者制作时需根据使用设备的火力及性能进行调整。
- 书中所标注的分量仅供参考，读者制作时应根据面包大小进行调整。

第1章

经典三明治

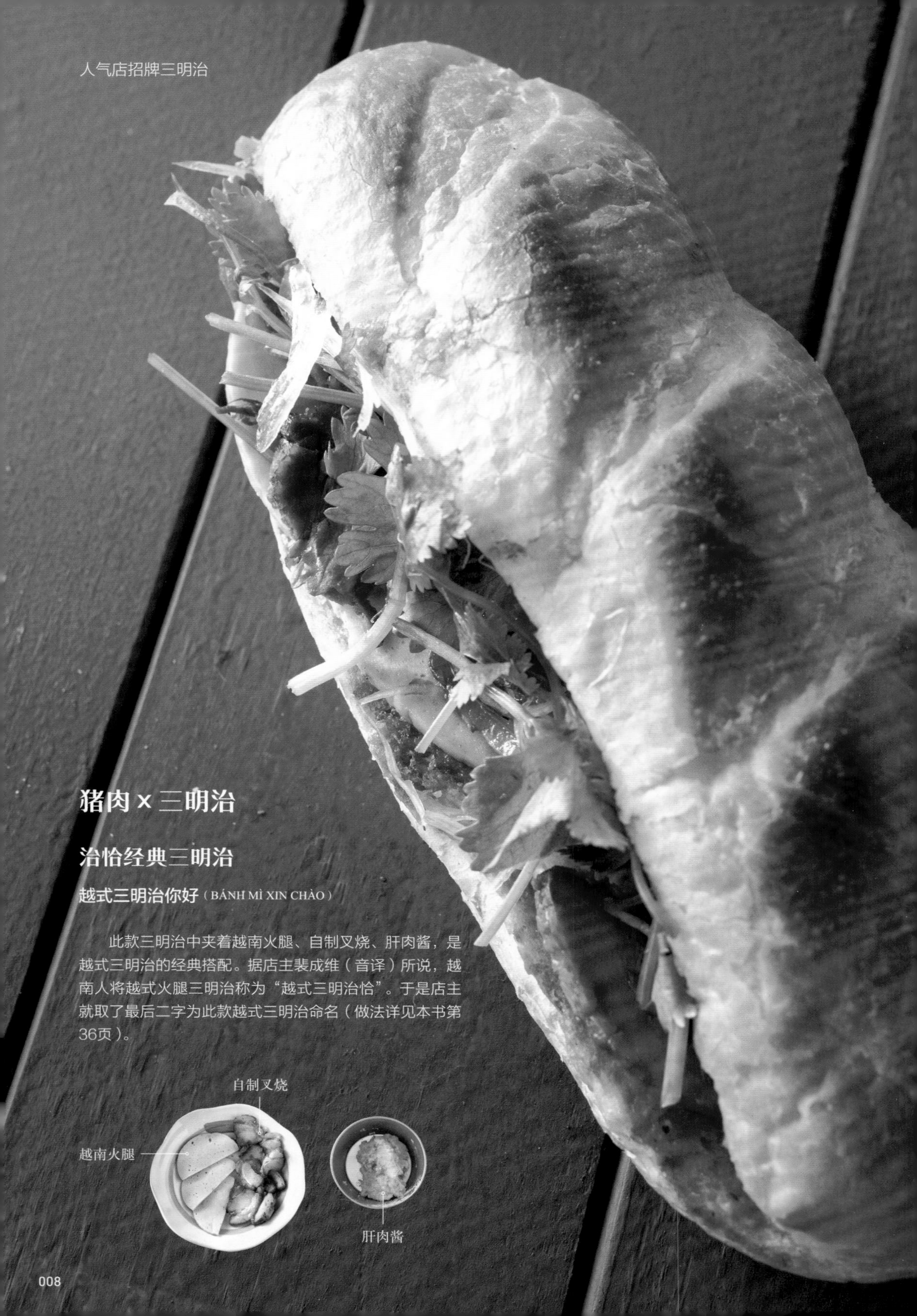

猪肉 × 三明治

治恰经典三明治

越式三明治你好（BÁNH MÌ XIN CHÀO）

此款三明治中夹着越南火腿、自制叉烧、肝肉酱，是越式三明治的经典搭配。据店主裴成维（音译）所说，越南人将越式火腿三明治称为“越式三明治恰”。于是店主就取了最后二字为此款越式三明治命名（做法详见本书第36页）。

越南火腿三明治

惠比寿越式三明治面包坊（EBISU BÁNH MÌ BAKERY）

此款三明治中的越南火腿、肝肉酱皆为自制品。其中，火腿采用了越南北部火腿店所传授的制作方法，即一边在肉糜中加入冰水一边用料理机打成糊状，冷藏一段时间后再次重复前述步骤。如此一来，便可获得一块质感顺滑的火腿（做法详见本书第34页）。

肝肉酱火腿三明治

足立由美子

此款三明治中使用的是自制肝肉酱，做法紧跟三明治餐饮店的潮流，使用猪肝、猪腿肉、猪背膘制作而成。这样做出来的肝肉酱口感浓郁。而火腿，则可根据个人喜好选择市面上销售的品牌即可。若是在三明治中放入多种不同类型的火腿，味道将更加美味。此外，还可根据个人喜好加入各种作料（做法详见本书第38页）。

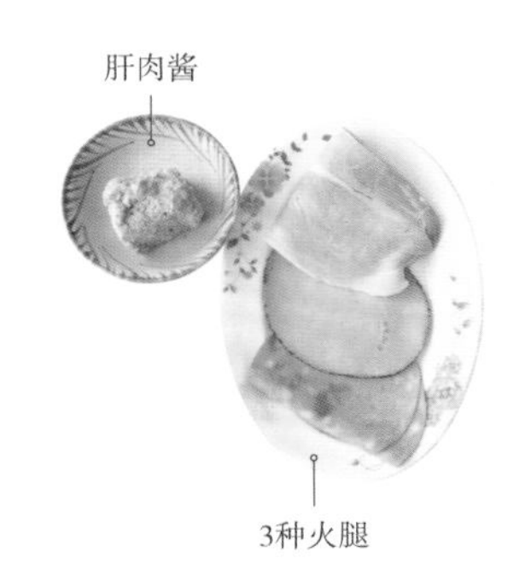

中国风味叉烧三明治

邵氏越南三明治（VIETNAM SANDWICH Thao's）

选一整块猪肉，用加有甜面酱、芝麻酱、蚝油等的酱汁进行腌制，便可获得一块微甜的叉烧。叉烧的甜味与三明治的经典搭配，并将细葱的辣味、醋拌红白萝卜丝的酸味融合在一起，给食用者带了层次丰富的味觉享受（做法详见本书第32页）。

炖猪肉鸡蛋三明治

越式三明治☆三明治（BÁNH MÌ☆SANDWICH）

此款三明治中塞满了煎鸡蛋和用越南鱼露与椰汁炖煮的猪肉。边缘焦脆的煎鸡蛋搭配弹性十足的炖猪肉，真是妙不可言（做法详见本书第30页）。

中国风味叉烧

炖猪肉　　煎鸡蛋

柠檬草烤猪肉

细葱

柠檬草烤猪肉三明治

邵氏越南三明治（VIETNAM SANDWICH Thao's）

传统做法是用加了柠檬草的越南鱼露汁将猪肉腌渍入味后烤熟。而店主却从“日式烤肉蘸酱”中获得灵感，在腌猪肉的酱汁中加入了洋葱泥，如此腌制的猪肉肉质更加柔软，香甜口感更胜一筹（做法详见本书第32页）。

泰国青柠叶炸猪排三明治

越式三明治小店（STAND BÁNH MÌ）

用法式千层派的做法，将薄薄的猪肉片叠在一起，中间加入一些泰国青柠叶，下锅炸熟。如此做出的炸猪排香气四溢，极具风味。以橘子为基底调配的酱汁的酸味与泰国青柠叶的清香，两种味道的碰撞在口腔内炸裂开来（做法详见本书第40页）。

肉酱配越南可可三明治

越式三明治小店（STAND BÁNH MÌ）

浓稠香醇的红酒醋做成的酱料，恰好中和了松软细腻的自制肉酱的油腻感。越南产可可豆碎给越式三明治增添了一份苦味，提升了整体口感。此款三明治适合与红酒一同食用（做法详见本书第40页）。

泰国青柠叶炸猪排

肉酱

炸春卷三明治

惠比寿越式三明治面包坊（EBISU BÁNH MÌ BAKERY）

用米皮包裹着蔬菜与猪肉下锅炸熟，便得到了越南炸春卷。将做好的炸春卷与切丝的生脆蔬菜一同放入法棍面包内，便完成了此款三明治。食用时，酥脆的炸春卷皮内迸发出咸香的肉汁，迅速在口腔内蔓延开来（做法详见本书第35页）。

越南烧卖三明治

足立由美子

越南的“烧卖”与中国的并不相同，是没有包裹烧卖皮的肉丸子。它是三明治的常见食材之一。在越南，人们在食用面包、米饭时常将其当作一道下饭菜，而制作三明治时人们则会将其碾碎，涂抹于法棍面包上。满满的人造奶油配上肉香四溢的烧卖，再加上以酱油为基底的酱料，三者相辅相成（做法详见本书第38页）。

炸春卷

烧卖

番茄烩肉丸三明治

越式三明治☆三明治（BÁNH MÌ☆SANDWICH）

将加入了两种葱的肉丸放入微甜醇厚的番茄酱汁中煮熟，便做好了此款三明治的内馅——番茄烩肉丸。又大又圆的肉丸，吃上去扎实且弹性十足。再搭配醋拌红白萝卜丝，清爽又解腻（做法详见本书第31页）。

番茄烩肉丸

鸡肉 x 三明治

烤鸡肉三明治

越式三明治你好（BÁNH MÌ XIN CHÀO）

将整块鸡肉切成略大的鸡块，放入以越南鱼露为基底的咸甜酱汁中腌制。随后，通过明火慢烤的方式为其增香。较大的鸡块，会给人留下鸡肉很有嚼劲的印象，咀嚼一番后，微微的柠檬草香逐渐占领整个鼻腔（做法详见本书第37页）。

葱油蒸鸡三明治

邵氏越南三明治（VIETNAM SANDWICH Thao's）

将蒸熟后的鸡胸肉进行皮肉分离，鸡肉用手撕碎，鸡皮用刀切碎。将鸡肉碎与鸡皮碎充分搅拌，如此做出的三明治内馅味道更加浓郁。在搅拌好的鸡肉与鸡皮中加入越南人常用的葱油和越南鱼露，为其增香。此款越式三明治虽有着清爽的口感，却也能给食客带来极强的满足感（做法详见本书第33页）。

烤鸡肉

葱油蒸鸡

蜂蜜柠檬草烤鸡三明治

越式三明治☆三明治（BÁNH MÌ☆SANDWICH）

此款三明治的内馅是散发着柠檬草与泰国青柠叶清香的烤鸡。在制作烤鸡时，使用了以越南鱼露、蜂蜜为基底的咸甜酱汁进行腌制。文火慢烤至鸡肉表皮酥脆，是此道菜肴的诀窍（做法详见本书第31页）。

蜂蜜柠檬草烤鸡

五香粉烤鸡三明治

邵氏越南三明治（VIETNAM SANDWICH Thao's）

在越南，也有类似烤鸡的菜肴，只是叫法并不相同。越南人常将腌制烤熟后的带骨鸡腿盖在米饭上，搭配醋拌红白萝卜丝一同食用。“既然这道菜肴很下饭，那想必也很适合制作成越式三明治。”于是，便有了此款越式三明治（做法详见本书第33页）。

五香粉烤鸡

咖喱椰子鸡三明治

越式三明治小店（STAND BÁNH MÌ）

店主将从孟加拉国友人那学会的做法加以改良，用各种香料炒制鸡肉至咖喱收汁，并加入彩椒为菜肴增加一丝甜味。此款三明治中虽然加入了很多生姜，但使用的香料种类却很少，如此一来可以尽情品尝咖喱椰子鸡的原味。还可搭配醋拌红白萝卜丝、香草等一同食用（做法详见本书第41页）。

鱼类 x 三明治

咖喱青花鱼三明治

越式三明治☆三明治（BÁNH MÌ☆SANDWICH）

店主从三明治的经典食材——番茄酱烩青花鱼中获得制作灵感，将其改良为咖喱烩青花鱼。此款咖喱的特点是以生姜为主的辛香加上椰奶的甜香。店主先以盐烤的方式将青花鱼烤熟，再放入咖喱中炖煮，如此制作而成的三明治没有半点鱼腥味（做法详见本书第31页）。

咖喱椰子鸡

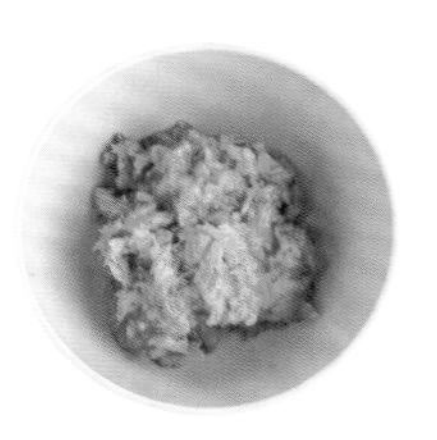

越式咖喱青花鱼

番茄酱烩青花鱼三明治

惠比寿越式三明治面包坊（EBISU BÁNH MÌ BAKERY）

用加入了越南鱼露的甜番茄酱炖煮青花鱼，便是在越南随处可见的一道菜肴——番茄酱烩青花鱼，当地人常用其搭配白米饭食用。最近，以番茄酱烩青花鱼为内馅的三明治也多了起来。青花鱼的鲜美与番茄酱的酸甜，交相辉映（做法详见本书第35页）。

番茄酱烩青花鱼

黄油烤白身鱼配柠檬草酱三明治

越式三明治小店（STAND BÁNH MÌ）

酱汁中柠檬草的清香与油的香醇，凸显了白身鱼的清甜。在配菜方面，店主尝试了使用多种菌类之后，决定采用最不影响白身鱼味道的姬菇与之清炒。最后，再加上脆嫩的豆苗，衬托出白身鱼柔软的口感（做法详见本书第41页）。

黄油烤白身鱼

油封三文鱼配凉拌紫甘蓝三明治

越式三明治小店（STAND BÁNH MÌ）

低温油封制作而成的三文鱼口感绵密浓厚。凉拌紫甘蓝正好中和了这浓厚的口感。加入枫糖浆制作而成的花生酱带着一股清甜，使整道菜肴的口感更加柔和。此外，这道菜肴的酱汁中还隐藏着鱼露的身影（做法详见本书第42页）。

油封三文鱼

豆腐 × 三明治

柠檬草油豆腐三明治

邵氏越南三明治（VIETNAM SANDWICH Thao's）

将煎至酥脆的油豆腐，与清脆的柠檬草一同翻炒，如此一来便完成了此款三明治的内馅——柠檬草油豆腐。在越南，柠檬草、油豆腐都是极其常见的下饭菜，有时当地人也会使用鸡肉代替油豆腐，味道也是相当不错。此款使用油豆腐制作而成的三明治深受素食主义食客的好评（做法详见本书第33页）。

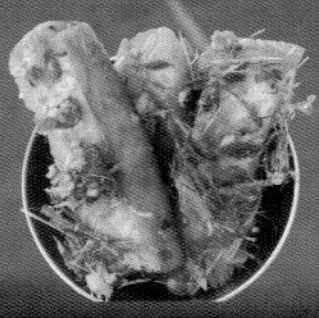

柠檬草油豆腐

鸡蛋 × 三明治

煎蛋三明治

越式三明治你好（BÁNH MÌ XIN CHÀO）

焦脆的煎蛋在香醇浓厚的酱汁的衬托下，口感变得分外柔和。再配上猪肝制成的肝肉酱、炒熟的洋葱与大蒜，更为此款越式三明治增添了一份与众不同的滋味（做法详见本书第37页）。

煎蛋

松软茼蒿煎蛋饼三明治

足立由美子

曾在河内的路边摊上吃过放有艾蒿的越式煎蛋饼三明治，其滋味久久不能忘却。于是，使用茼蒿代替艾蒿，尝试了此款三明治。将松软的煎蛋饼放入法棍面包内，一个松软茼蒿煎蛋饼三明治就完成了。此款三明治刚做好时口感最佳。茼蒿的苦涩、鸡蛋的绵柔、辣椒酱的香辣，三者融合在一起，使人欲罢不能（做法详见本书第39页）。

茼蒿煎蛋饼

无内馅三明治

铁板烧配无内馅三明治

足立由美子

提起越式三明治，大家都会联想到三明治，但其实在越南，它还指代“面包搭配菜肴一起食用”。铁板烧配无内馅三明治指的就是铁板烧配法棍面包。食用时，可以将面包切小块，蘸着铁板烧的酱汁吃，也别具一番风味。

1 取1个牛排铁盘，加热后倒入色拉油开始煎牛排。当牛排煎至棕色后翻面，在铁盘多余的地方打上1个鸡蛋，再放上一些薯条与肝肉酱。
2 当肉熟之后，从左至右来回浇上1大勺酱汁。随后，放上黄油、洋葱与番茄。
3 关火之后，加入香菜进行点缀，再撒上一些黑胡椒碎。搭配1块温热的法棍面包（材料表未列出・适量）和1盘蔬菜沙拉。

1人份

色拉油……1大勺
牛排（烤肉用牛腿肉）……100g
肝肉酱（做法详见本书第51页）……30g
薯条[*1]……1/2个土豆
酱汁[*2]……1大勺
黄油……20g
洋葱（切丝）……少量
番茄（切片）……1片
鸡蛋……1个
香菜、黑胡椒碎、蔬菜沙拉[*3]……各适量

*1：取半个土豆切成粗条，用色拉油炸至酥脆。
*2：取1/2小勺蒜末、1大勺洋葱末、1大勺色拉油、2大勺调味酱油、1大勺蚝油、1大勺越南鱼露、1/2小勺细砂糖、适量黑胡椒、50ml水，搅拌均匀即可。（以上约4人份）
*3：取4片生菜，切至方便食用的大小，与2片番茄一同放入盘内，浇上2大勺甜醋、1大勺色拉油，再撒上些许黑胡椒碎。食用时，需先搅拌。此外，沙拉上面还可以放一些香酥、红葱片等食材。

炖牛肉配无内馅三明治

惠比寿越式三明治面包坊（EBISU BÁNH MÌ BAKERY）

炖牛肉是越南当地的一道特色美食。在越南，人们也会用面包搭配炖牛肉一同食用。外表酥脆、内里松软的三明治之魂——法棍面包，能瞬间吸满炖牛肉的汤汁。

炖牛肉（3~4人份）

1 在高压锅内放入牛筋肉，再倒入适量的清水，至没过食材的表面。加入酱油、长葱（材料表未列出・各适量），开火加热。用小火压制15分钟后关火，再闷15分钟。
2 用色拉油炒熟A中所列食材，当洋葱变透明后，加入B中所列食材开始炖煮，去除浮沫后转小火炖煮15分钟。
3 加入白酱搅拌，给菜肴勾芡。

牛筋肉……200g
A洋葱（切成扇形块）……100g
胡萝卜（切滚刀块）……80g
红薯（切滚刀块）……60g
大蒜……20g
B番茄罐头……62.5g
红酒……20g
月桂叶……1片
八角……2g
桂皮（片状）……2g
越南鱼露……6g
细砂糖……5g
盐……3g
黑胡椒……少量
白酱（市售商品）……40g
色拉油……适量

用生菜包着越式蒸三明治，再放些香草、醋拌青木瓜胡萝卜一同食用。

蒸三明治

足立由美子

将硬硬的法棍面包上锅蒸，再在面包上放些猪肉松与葱油，一道小吃便做好了。蒸过后，膨松柔软的法棍面包与咸甜的猪肉松堪称绝配。

1 制作猪肉松。在平底锅中倒入色拉油，加热后倒入大蒜末翻炒。当炒出香味后，加入猪肉末炒至变色。加入A中所列食材，继续翻炒。用水、淀粉制作芡汁，倒入锅中翻炒勾芡。
2 制作葱油。将细葱与盐倒入耐热容器内，搅拌均匀。将加热后的色拉油倒入容器内。
3 将法棍面包切成1~2cm厚的圆片，在上面放上猪肉松后，放入耐高温的餐盘中，上锅蒸约5分钟。随后，撒上些葱油和花生碎。
4 搭配一份带汁的醋拌青木瓜胡萝卜丝。再取一个餐盘，装入生菜、香菜、紫苏叶、细葱、绿薄荷。菜肴上桌后，可以用生菜包着越式蒸三明治，加入一些自己喜欢的配料后卷起来，蘸着酱汁食用。

猪肉松（易于制作的分量）
- 色拉油……1大勺
- 大蒜（切末）……1瓣
- 猪肉末……100g
- A 细砂糖……1小勺
  - 越南鱼露……1小勺
  - 调味酱油……1/2小勺
  - 黑胡椒碎……适量（稍多）
- 淀粉……1小勺
- 水……2大勺

葱油（易于制作的分量）
- 细葱（切碎）……2大勺
- 盐……1小撮
- 色拉油……3大勺

法棍面包……适量
花生碎……适量
醋拌青木瓜胡萝卜丝（做法详见本书第38页）……适量
蘸酱*……适量
生菜、香菜、紫苏叶、细葱、绿薄荷……各适量

*：将6大勺细砂糖倒入水中溶化，加入4大勺越南鱼露、1.5大勺蒜末、适量红辣椒末，搅拌均匀。

甜三明治

科普克姆三明治（夹着冰激凌的越式三明治/左）

巧克力三明治（右）

足立由美子

越南人也会食用甜的越式三明治。在此，介绍两款由江古田小店（PARLOR江古田）（店铺介绍见本书第80页）出品的甜三明治。两款三明治使用的都是口感微甜的奶油面包。不同的是，一款夹着冰激凌，另一款夹着巧克力。冰激凌中加入了炼乳，口感更加香甜，再撒上一些香脆的花生碎，美味翻倍。巧克力选用越南制造的，搭配满满的有盐黄油，黄油之上再撒些细砂糖，口感更加丰富（做法详见本书第39页）。

蜂蜜黄油三明治

惠比寿越式三明治面包坊（EBISU BÁNH MÌ BAKERY）

在越南，随处可见使用炭火烤鸡的路边摊。而此款三明治便是这种路边摊上最常见的菜肴。将法棍面包压扁，涂上黄油与蜂蜜后，用炭火烤，这就是蜂蜜黄油三明治的做法。酥脆的法棍面包散发着焦香，再加上黄油的香气与蜂蜜的清甜，令人食指大动（做法详见本书第35页）。

越式三明治☆三明治（BÁNH MÌ☆SANDWICH）

基础食材（做法及1份的食材量）

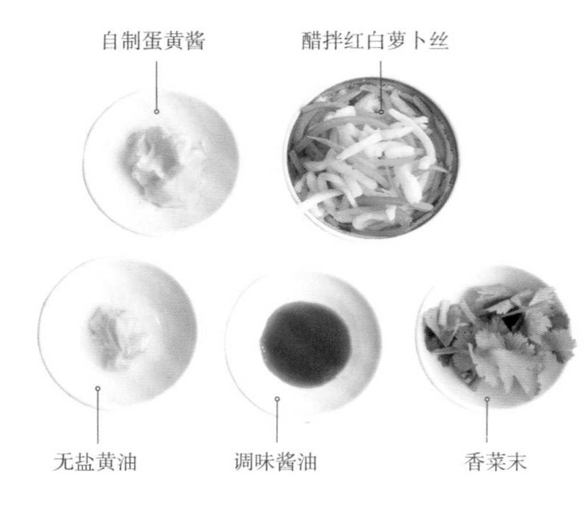

无盐黄油………………约1.5大勺
涂抹于面包切面的下半部分。

自制蛋黄酱…………约1.5大勺
略带酸味、口感柔和的自制蛋黄酱，一般涂抹于面包切片的上半部分。

醋拌红白萝卜丝……适量
取100g白萝卜、100g胡萝卜分别切丝，撒入80g白砂糖，揉搓。当水分出来后，挤干蔬菜的水，加入100ml醋、2g盐，腌制15~20分钟。倒入漏勺中控干水。如此一来，一道酸甜可口的醋拌红白萝卜丝便做好了。

香菜末…………………适量
调味酱油………………适量

撒在菜肴上。

炖猪肉鸡蛋三明治（介绍详见本书第10页）

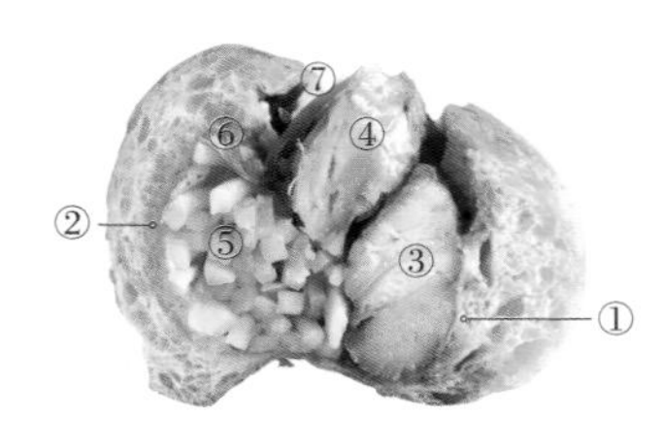

①无盐黄油
②自制蛋黄酱
③炖猪肉……切5~6块
④煎鸡蛋……2个鸡蛋
⑤醋拌红白萝卜丝……适量
⑥香菜
⑦调味酱油

③炖猪肉（约5份量）

1 锅中放入一半的细砂糖，加热至焦糖状。
2 加入A中所列食材和剩下的细砂糖，煮沸。
3 加入切成1口大小的猪五花肉。煮沸后，转小火炖煮约30分钟，再改大火收汁。

细砂糖………………………40g
A椰汁………………………175ml
　大蒜（切末）…………2瓣
　越南鱼露………………1.5大勺
　黑胡椒（粗粒）………1/2小勺
猪五花肉（一整块）……400g

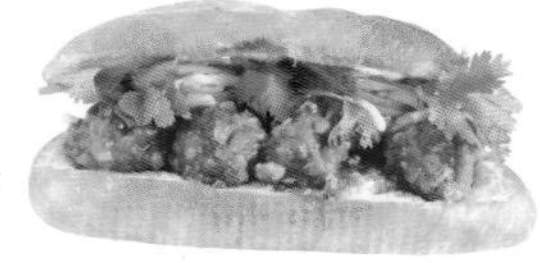

番茄烩肉丸三明治（介绍详见本书第14页）

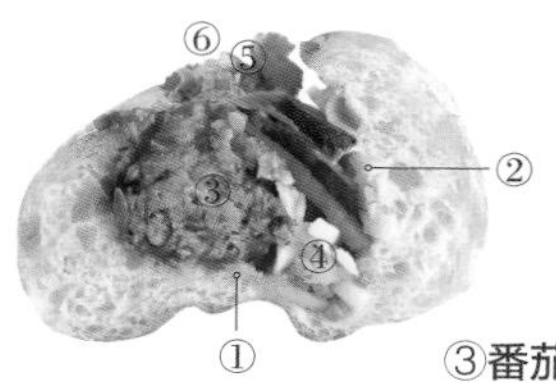

①无盐黄油
②自制蛋黄酱
③番茄烩肉丸……4个
④醋拌红白萝卜丝
⑤香菜
⑥调味酱油

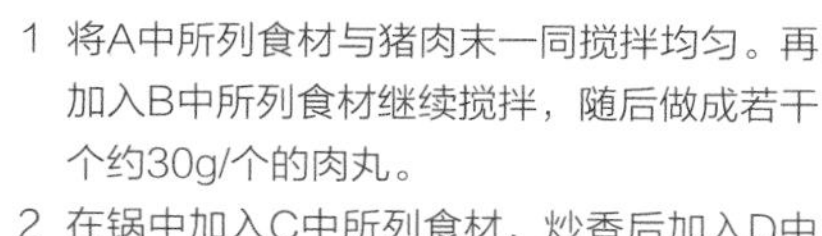

③番茄烩肉丸（3份量）

1 将A中所列食材与猪肉末一同搅拌均匀。再加入B中所列食材继续搅拌，随后做成若干个约30g/个的肉丸。

2 在锅中加入C中所列食材，炒香后加入D中所列食材一起炖煮。

3 将第1、2步处理好的食材一同炖煮，煮沸后转小火炖煮20分钟，最后倒入水淀粉进行勾芡。

猪肉末……250g
A大蒜（切末）……3瓣
调味酱油……1.5大勺
越南鱼露……1小勺
细砂糖……1.5大勺
黑胡椒（粗粒）……1/2小勺
B洋葱（切末）……1/2个
小葱（切末）……1/3把
C大蒜（切末）……1/2小勺
色拉油……适量
D番茄罐头……1/2个
越南鱼露……1小勺
细砂糖……1小勺
水……150ml
水淀粉……适量

蜂蜜柠檬草烤鸡三明治（介绍详见本书第16页）

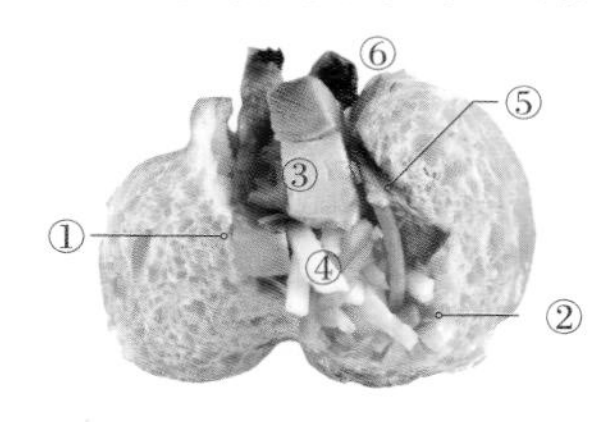

①无盐黄油
②自制蛋黄酱
③蜂蜜柠檬草烤鸡……1/2个鸡腿肉
④醋拌红白萝卜丝
⑤香菜
⑥调味酱油

③蜂蜜柠檬草烤鸡（约4份量）

1 将A中所列食材搅拌均匀后，放入鸡腿肉腌制约1小时。

2 将腌制好的鸡腿肉放入250℃的烤箱中，有皮的一面朝上，烘烤约15分钟。翻面后，再烤12分钟即可。

大鸡腿肉……2个（600g）
A柠檬草（切末）……1根
大蒜（切末）……1瓣
泰国青柠叶（切碎）*……1片
越南鱼露……1.5大勺
料酒……1小勺
蜂蜜……2小勺
黑胡椒（粗粒）……少量

*先将叶茎去除，再切碎。

咖喱青花鱼三明治（介绍详见本书第18页）

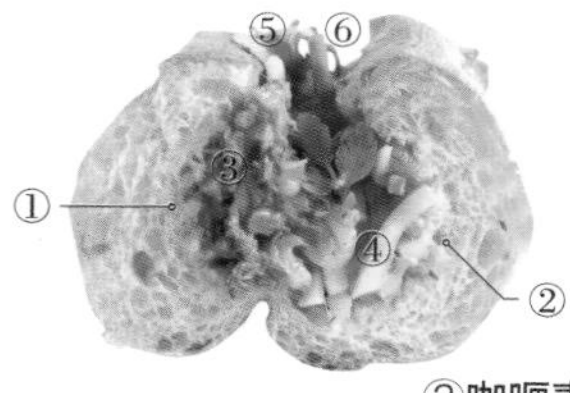

①无盐黄油
②自制蛋黄酱
③咖喱青花鱼……适量
④醋拌红白萝卜丝
⑤香菜
⑥调味酱油

③咖喱青花鱼（约4份量）

1 将青花鱼片成三份，撒上盐（材料表未列出・适量）后用烤鱼架烤一小会儿。

2 倒入色拉油（材料表未列出・适量），将A中所列食材炒软后加入B中所列食材继续翻炒。最后倒入椰汁，小火炖煮约10分钟。

3 将烤过的青花鱼加入锅中，煮至收汁。

青花鱼……1条
A柠檬草（切末）……20g
洋葱……200g
大蒜……20g
姜（切末）……10g
B咖喱粉（越南产）……1/2大勺
越南鱼露……$1\frac{1}{3}$大勺
细砂糖……$1\frac{1}{3}$大勺
椰汁……400ml

邵氏越南三明治（VIETNAM SANDWICH Thao's）

基础食材（做法及1份的食材量）

自制蛋黄酱……………1.5大勺
在胡志明市的三明治专卖店内，经常能见到一款与黄油相似的黄色奶油。此款蛋黄酱便是参照黄色奶油仿制而成，油脂相对较多且口感醇厚，常涂抹于面包切面的下半部分。

醋拌红白萝卜丝……55g
萝卜与胡萝卜的比例是2：1，味道稍甜，再加入些许越南鱼露，增加口感。

香菜（切末）…………适量

酱汁……………………1大勺
在调味酱油中加入煮过的甜料酒，使酱汁的口感更加柔和。常涂抹于面包的上半部分。

中国风味叉烧三明治（介绍详见本书第10页）

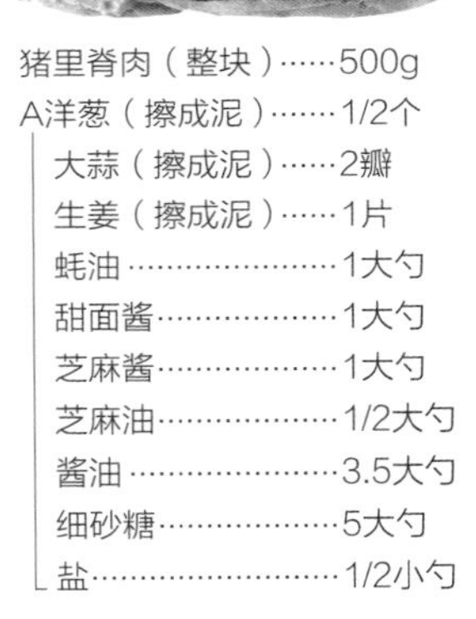

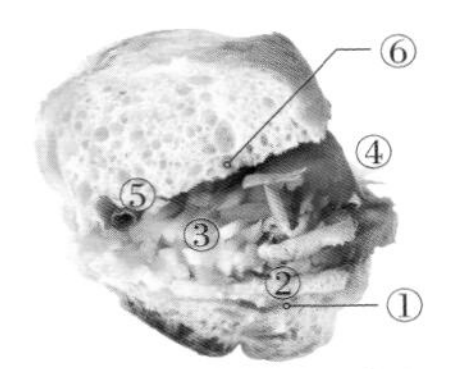

①自制蛋黄酱
②中国风味叉烧……55~60g
③醋拌红白萝卜丝
④香菜
⑤小葱……适量
⑥酱汁

猪里脊肉（整块）……500g
A洋葱（擦成泥）……1/2个
大蒜（擦成泥）……2瓣
生姜（擦成泥）……1片
蚝油……………………1大勺
甜面酱…………………1大勺
芝麻酱…………………1大勺
芝麻油…………………1/2大勺
酱油……………………3.5大勺
细砂糖…………………5大勺
盐………………………1/2小勺

②中国风味叉烧（4份量）

1 将A中所列食材搅拌均匀后，放入猪里脊肉腌制整晚。
2 将腌制好的猪肉放入200℃的烤箱内烘烤30分钟。为防止猪肉表皮被烤焦，取一张锡纸将猪肉裹住后，再烘烤约20分钟，确保整块猪肉都烤熟。
3 将裹着锡纸的猪肉放凉，依照个人喜好切片。
4 将之前腌制猪肉时剩下的酱汁煮沸，倒在切好的叉烧上。

柠檬草烤猪肉三明治（介绍详见本书第11页）

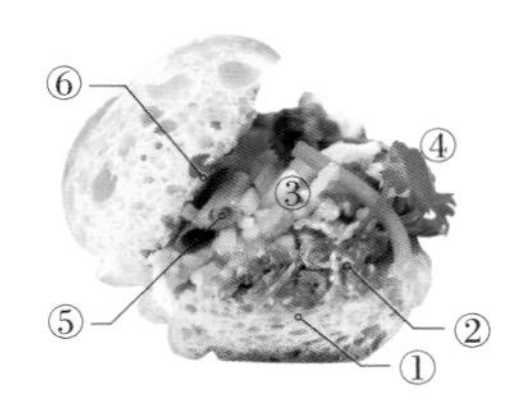

①自制蛋黄酱
②柠檬草烤猪肉……55~60g
③醋拌红白萝卜丝
④香菜
⑤小葱……适量
⑥酱汁

猪五花肉（切片）……500g
A柠檬草（切末）……2根
洋葱*……………………1个
大蒜（切末）………5瓣
越南鱼露………………40g
细砂糖…………………25g
蜂蜜……………………15g

*：用料理机将洋葱打成泥。

②柠檬草烤猪肉（4份量）

1 将A中所列食材搅拌均匀后，放入猪五花肉片腌制1小时以上。
2 在锅中放入少许油（材料表未列出・适量），将腌制好的猪五花肉片连同腌制所用的食材一同放入锅中翻炒，直至柠檬草、大蒜炒至金黄色。

葱油蒸鸡三明治（介绍详见本书第15页）

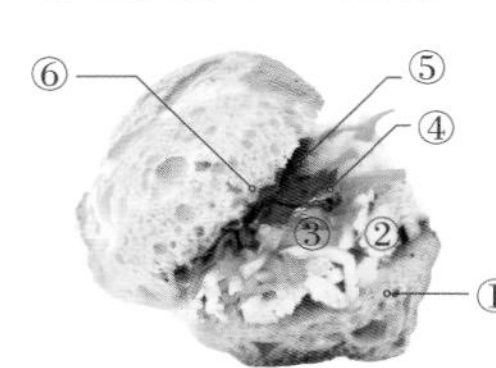

①自制蛋黄酱
②葱油蒸鸡……55~60g
③醋拌红白萝卜丝
④香菜
⑤香酥红葱片……适量
⑥酱汁

②葱油蒸鸡（2份量）

鸡胸肉 ………… 1块
葱油* …………… 1大勺
越南鱼露 ……… 1/2大勺

*：将小葱切成末后放入耐热容器内，随后将加热至冒烟的芥花籽油画圈倒入容器内。

1 把鸡胸肉放入锅中蒸18~19分钟，冷却后去皮。将皮切碎、肉撕成小条，将两者搅拌均匀。
2 加入葱油与越南鱼露，搅拌均匀。

五香粉烤鸡三明治（介绍详见本书第17页）

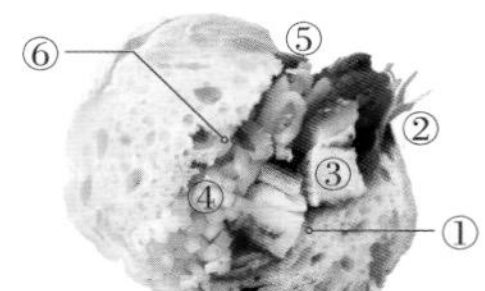

①自制蛋黄酱
②紫苏叶……适量
③五香粉烤鸡……55~60g
④醋拌红白萝卜丝
⑤香菜
⑥酱汁

③五香粉烤鸡（4份量）

鸡腿肉 ………………… 2块
A蒜（切末）………… 2瓣
　小葱（切末）…… 1根
　调味酱油 ………… 1.5大勺
　蜂蜜 ……………… 1.5大勺
　五香粉 …………… 1小勺
　白胡椒 …………… 1小勺

1 去除鸡腿肉上的筋与多余的脂肪。将A中所列食材搅拌后，放入鸡腿肉腌制1~2小时。
2 将腌制好的鸡腿肉带皮的一面朝上放在网架上，200℃的烤箱烘烤20分钟。将腌制时用的酱汁涂抹于鸡腿肉表面，再烘烤10分钟，确保鸡腿肉熟透。

柠檬草油豆腐三明治（介绍详见本书第22页）

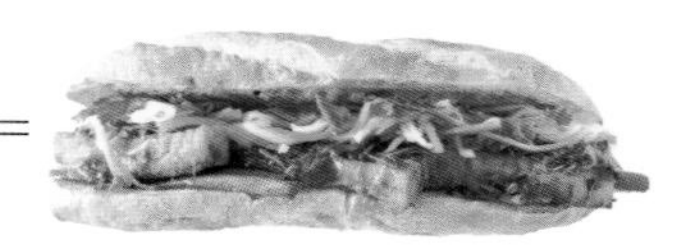

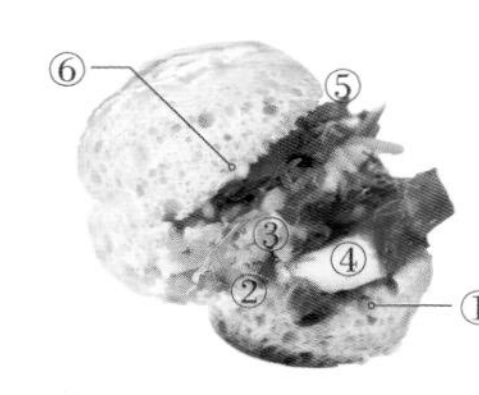

①自制蛋黄酱
②小葱……适量
③醋拌红白萝卜丝
④柠檬草油豆腐……55~60g
⑤香菜
⑥酱汁

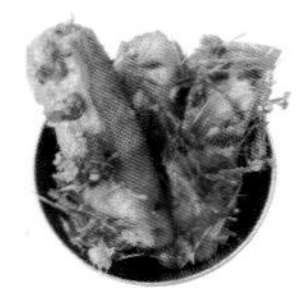

④柠檬草油豆腐（2份量）

油豆腐 ……………………… 4小块（260g）
A越南鱼露 ……………… 1/2大勺
　调味酱油 ……………… 1大勺
　细砂糖 ………………… 1.5大勺
　盐 ……………………… 少量
B柠檬草（切末）……… 2根
　蒜（切末）…………… 2瓣
　新鲜红辣椒（切末）…… 2根

1 将油豆腐对半切开。
2 将A中所列食材搅拌后，放入切好的油豆腐腌制约30分钟。
3 在平底锅中倒入芥花籽油（材料表未列出・适量），用中火一边煎腌制好的油豆腐，一边翻炒B中所列食材。因柠檬草与大蒜容易焦，翻炒时需注意。当柠檬草炒至酥脆时，将煎好的豆腐与柠檬草混合在一起再翻炒片刻即可。

惠比寿越式三明治面包坊（EBISU BÁNH MÌ BAKERY）

基础食材（做法及1份的食材量）

无盐黄油…………………… 1大勺
涂抹于面包切面的下半部分。

蛋黄酱 ……………………… 1.5大勺
涂抹于面包切面的上半部分。

黄瓜（纵向切薄片）…… 1片

醋拌红白萝卜丝 ………… 60g
取500g萝卜、250g胡萝卜切丝，加入100g三温糖、72g醋搅拌均匀。这样做出的萝卜丝口感微甜，十分清爽。

香菜（切大块）………… 适量

辣椒酱 ……………………… 适量
选用辣度适中的越南产辣椒酱，见右侧图。

越南鱼露…………………… 适量
取适量越南鱼露，加水稀释，再加入细砂糖、醋搅拌均匀。

越南火腿三明治（介绍详见本书第9页）

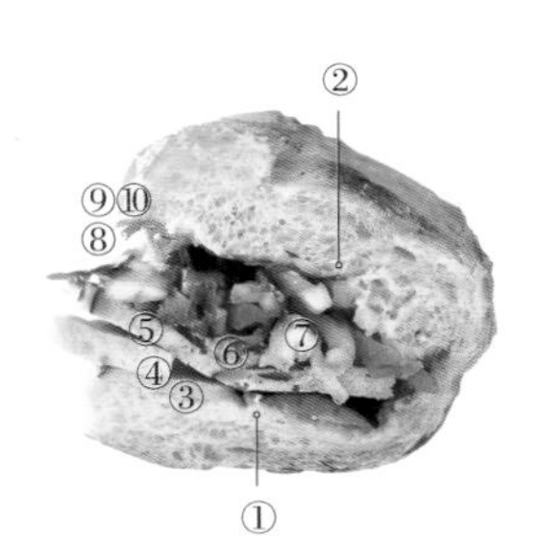

①无盐黄油
②蛋黄酱
③黄瓜（纵向切薄片）
④肝肉酱……30g
⑤越南火腿（做法详见本书第50页）……60g
⑥自制猪肉松……适量
⑦醋拌红白萝卜丝
⑧香菜
⑨辣椒酱
⑩越南鱼露

④肝肉酱（易于制作的分量）

1 将猪头肉末放入料理机中搅拌至顺滑。依次将旁边所列食材分批加入料理机中，并逐一搅拌。
2 在耐热容器内涂上猪背膘（材料表未列出・适量），倒入做好的肉糜上锅蒸熟。

猪头肉末……………………………180g
生猪肝 ……………………………180g
猪里脊肉末 ………………………360g
猪皮（煮过的）…………………100g
猪背膘 ……………………………50g
大蒜（切末）……………………24g
细砂糖 ……………………………6.4g
增香调料…………………………3.8g
白胡椒粉…………………………2.6g
肉桂粉 ……………………………1g
盐 …………………………………4g
法棍面包（介绍详见本书第54页）…………………………3/5个
生奶油 ……………………………50g

炸春卷三明治（介绍详见本书第13页）

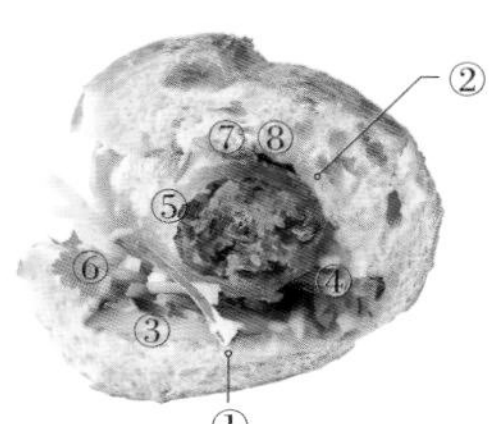

①无盐黄油
②自制蛋黄酱
③黄瓜
④青木瓜、大蒜、红洋葱丝……各适量
⑤炸春卷……3个
⑥香菜
⑦辣椒酱
⑧越南鱼露

⑤炸春卷（4份量）

粉丝……16g
木耳……4g
A猪肉末……100g
芋头（切碎）……10g
大蒜（切末）……10g
洋葱（切末）……10g
小葱（切末）……5g
越南鱼露……2ml
盐、黑胡椒……少量
米皮（直径约22cm）……4张

1 将粉丝、木耳泡发后切成碎末。
2 将粉丝碎、木耳碎与A中所列食材搅拌至上劲。
3 将搅拌上劲的食材分为4等份，用泡发的米皮卷起来，放入170℃的油锅（材料表未列出・适量）中炸约4分钟。

番茄酱烩青花鱼三明治（介绍详见本书第19页）

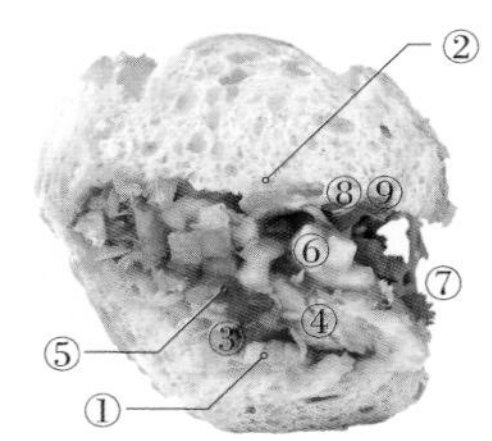

①无盐黄油
②蛋黄酱
③黄瓜
④番茄酱烩青花鱼……80g
⑤调味酱油……适量
⑥醋拌红白萝卜丝
⑦香菜
⑧辣椒酱
⑨越南鱼露

④番茄酱烩青花鱼（约4份量）

青花鱼（切块）……2块
米醋……适量
大蒜（切末）……2g
生姜（切末）……2g
洋葱（切片）……24g
A番茄罐头……160g
调味酱油……6ml
细砂糖……10g
盐……2g

1 把青花鱼放入米醋中腌制5分钟后取出，擦干水，撒上盐、胡椒粉、淀粉（材料表未列出・适量）。在平底锅中倒入色拉油（材料表未列出・适量），加热后放入青花鱼，煎至两面金黄。
2 另取一个平底锅，倒入色拉油（材料表未列出・适量），加热后倒入大蒜、生姜翻炒。炒出香味后加入洋葱炒至透明。
3 将A中所列食材加入第2步的平底锅中一同炖煮，煮沸后加入煎过的青花鱼，煮至收汁。

蜂蜜黄油三明治（介绍详见本书第29页）

①黄油……2g
②蜂蜜……3~5g

1 用菜板将法棍面包压平。
2 在法棍面包表面依次涂抹黄油、蜂蜜。
3 放入180℃的烤箱中烘烤3~4分钟，或用喷枪烤制面包表面。

越式三明治你好（BÁNH MÌ XIN CHÀO）

基础食材（做法及1份的食材量）

肝肉酱……………………约1.5大勺
采用猪肝制作而成。将猪肝放入牛奶中浸泡30~45分钟去腥，擦干水后炒熟。将炒好的猪肝与炒至焦黄的大蒜、洋葱一同放入料理机中搅拌至糊状即可。肝肉酱一般涂抹于面包切面的下半部分。

黄油鸡蛋酱……………约1.5大勺
有时候制作三明治时，可以用黄油鸡蛋酱代替黄油。做法是在碗中放入蛋黄，一边慢慢倒入色拉油一边打发，最后加入盐、胡椒粉调味即可。黄油鸡蛋酱一般涂抹于面包切面的上半部分。

酱汁………………………适量
在自制叉烧（见下方）剩余的汤汁中加入炒熟的洋葱片炖煮片刻，再加入白砂糖调味即可。

黄瓜………………………适量

醋拌红白萝卜丝………适量
取400g萝卜、200g胡萝卜，沿纤维方向切丝，用水洗净后控水。取150ml醋、20ml柠檬汁、70ml水、150g白砂糖搅拌均匀，放入红白萝卜丝腌制4小时以上。

辣椒酱……………………适量

大葱………………………适量
越南当地常使用小葱，此处可以替换为大葱，使用切葱器可以将大葱迅速切成丝。

香菜………………………适量

治恰经典三明治（介绍详见本书第8页）

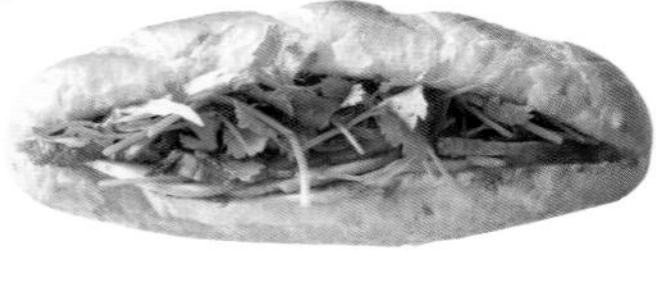

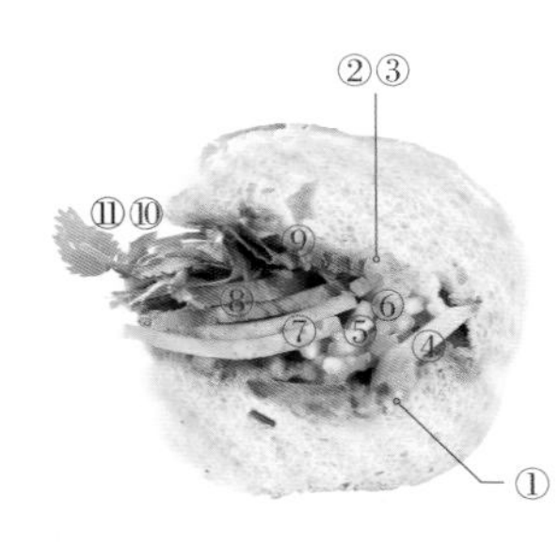

①肝肉酱
②黄油鸡蛋酱
③酱汁
④黄瓜
⑤醋拌红白萝卜丝
⑥辣椒酱
⑦特色火腿（市售）……3片
⑧自制叉烧……8片
⑨酱汁
⑩大葱
⑪香菜

⑧自制叉烧（易于制作的分量）

1 将猪五花肉切成厚4cm、长10cm的肉片，放入平底锅中用小火烤熟。
2 将A中所列食材倒入锅中煮沸，加入烤熟的肉片炖煮45分钟。

猪五花肉（整块）……1kg
A酱油…………………300ml
　大蒜（擦成泥）……1/2大勺
　白砂糖………………120g
　五香粉………………1/3大勺
　黑胡椒碎……………1/3大勺

烤鸡肉三明治（介绍详见本书第15页）

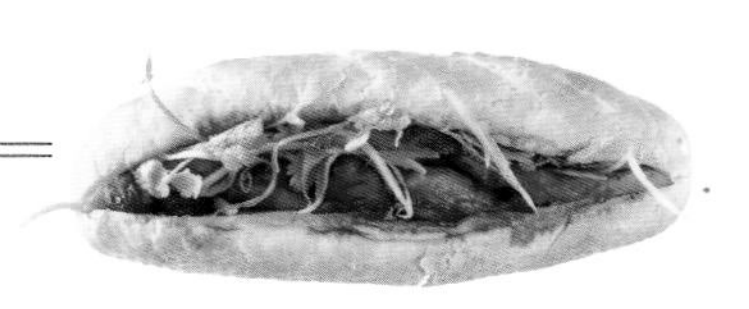

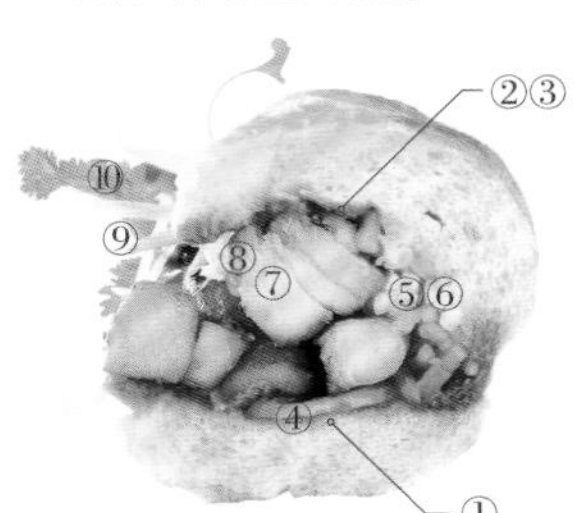

①肝肉酱
②黄油鸡蛋酱
③酱汁
④黄瓜
⑤醋拌红白萝卜丝
⑥辣椒酱
⑦烤鸡肉……1/2块鸡腿肉
⑧酱汁
⑨大葱
⑩香菜

⑦烤鸡肉（2份量）

1 将鸡腿肉切成2~3cm长的肉块。
2 将A中所列食材搅拌均匀后，放入切好的鸡腿肉腌制2小时以上。
3 放在网架上烤至金黄。

鸡腿肉……………………300g
A柠檬草（切丝）………2根
洋葱（擦成泥）…….1/2大勺
大蒜（擦成泥）…….1/2大勺
越南鱼露……………8ml
蜂蜜……………………适量
细砂糖…………………20g
盐………………………3g
黑胡椒碎……………1/3大勺

煎蛋三明治（介绍详见本书第23页）

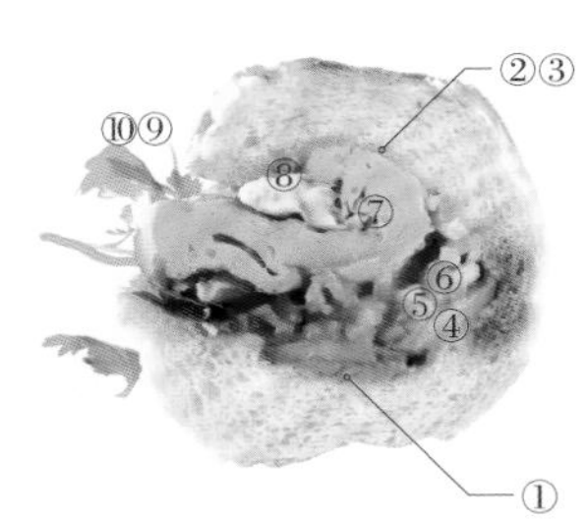

①肝肉酱
②黄油鸡蛋酱
③酱汁
④黄瓜
⑤醋拌红白萝卜丝
⑥辣椒酱
⑦煎蛋……2个
⑧酱汁
⑨大葱
⑩香菜

⑦煎蛋（1份量）

鸡蛋……..2个
油…………适量

用油将鸡蛋煎熟即可。

足立由美子

基础食材（做法及1份的食材量）

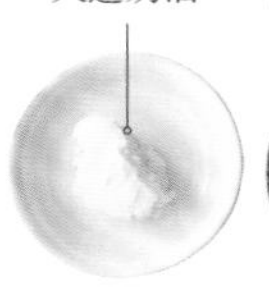
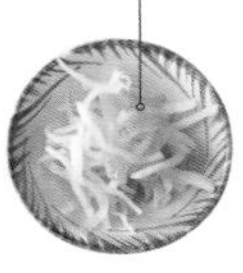

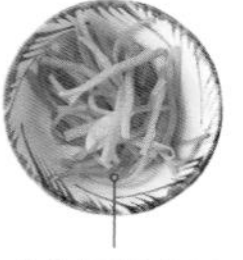

人造奶油…………1.5大勺

足立由美子："三明治之所以如此好吃，其关键就在于面包切面内涂抹的大量人造奶油。"人造奶油一般涂抹于面包切面的两侧。

醋拌凉菜（醋拌青木瓜胡萝卜丝、醋拌红白萝卜丝、醋拌胡萝卜丝）…………适量

一般会根据越式三明治中所放入的食材，搭配不同的醋拌凉菜。

肝肉酱火腿三明治（介绍详见本书第9页）

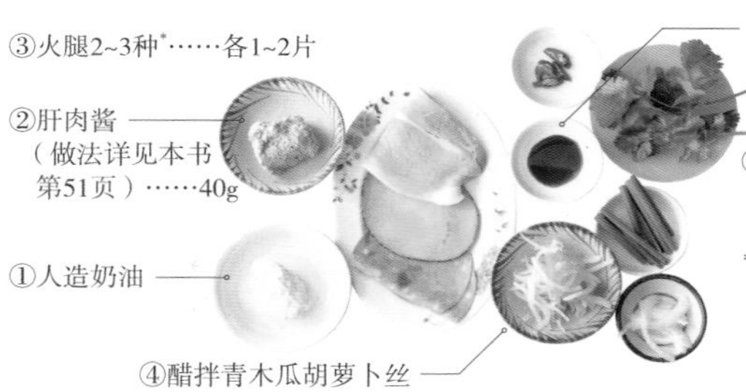

*：图中所示为1片猪腿肉火腿、1片五香烟熏牛肉火腿、2片博洛尼亚香肠。制作三明治时，可依个人喜好选用火腿。

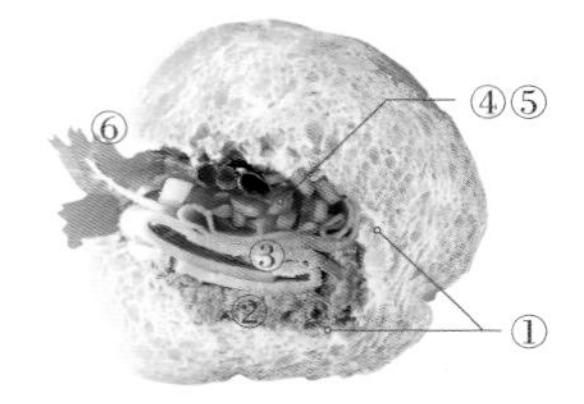

④醋拌青木瓜胡萝卜丝（易于制作的分量）

1 在青木瓜丝、胡萝卜丝中撒入盐搅拌均匀，静置4~5分钟。
2 制作甜醋。在热水中加入细砂糖，搅至溶化后加入米醋搅拌均匀。
3 挤干青木瓜丝、胡萝卜丝的水，放入甜醋中腌制30~40分钟。使用时，需将青木瓜丝、胡萝卜丝的水轻轻拧干，再放入越式三明治内。

青木瓜丝……………250g
胡萝卜丝……………80g
盐………………1小撮
甜醋
　细砂糖……………3大勺
　热水……………2大勺
　米醋……………50ml

越南烧卖三明治（介绍详见本书第13页）

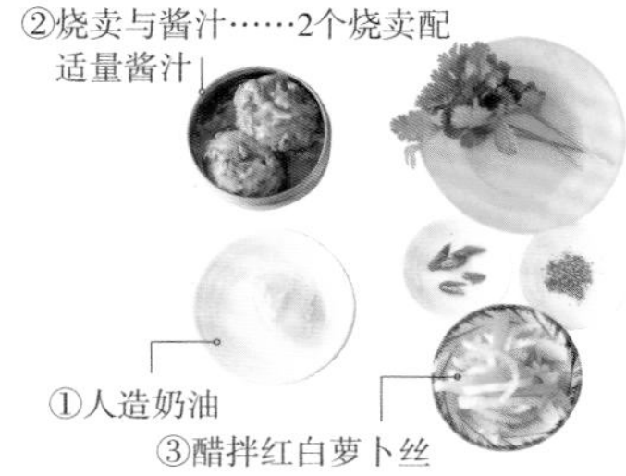

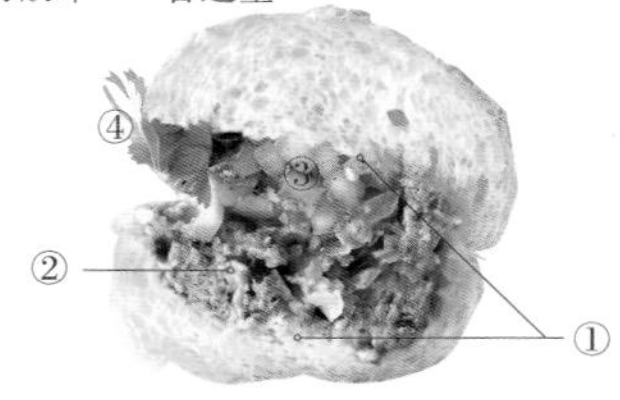

A猪肉末……………200g
　干木耳*……………2g
　洋葱（切薄片）……3/4个
　大蒜（切末）………1瓣
　蛋液……………2大勺
　调味酱油……………$1\frac{1}{3}$大勺
　黑胡椒碎……………多于1小勺
B调味酱油……………2小勺
　细砂糖……………1小勺
　甜料酒……………1小勺
淀粉……………1/2小勺
水……………1小勺

*：用水泡发后切成较粗的丝状。

②烧卖与酱汁（4份量）

1 将A中所列食材搅拌均匀，分成8份后搓成肉丸。

2 用竹签给肉丸扎孔后放入容器内，上锅蒸约10分钟。蒸熟后，容器内多余的汤汁取出备用。

3 在锅中倒入50ml步骤2中多余的汤汁，与B中所列食材一起小火慢炖。待水开后加入水淀粉，便做好了一份黏稠的酱汁。制作此款三明治时，需将蒸熟的烧卖压成泥状后涂抹于面包上，再撒上做好的黏稠酱汁。

③醋拌红白萝卜丝（易于制作的分量）

1 在萝卜丝、胡萝卜丝中撒入盐搅拌均匀，静置4~5分钟。

2 将萝卜丝、胡萝卜丝轻轻拧干水后，放入甜醋内腌制30~40分钟。

萝卜（切丝）……250g
胡萝卜（切丝）……80g
盐……1小撮
甜醋（做法详见本书第38页）……适量

松软茼蒿煎蛋饼三明治（介绍详见本书第24页）

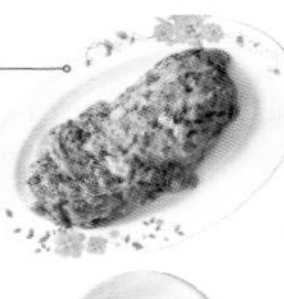

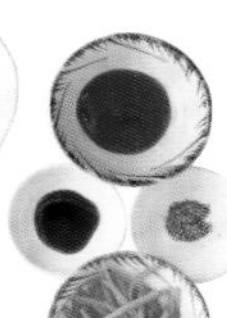

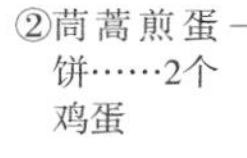

②茼蒿煎蛋饼（1份量）

1 茼蒿煮熟后，用漏勺捞起放凉。将茼蒿切末，挤干水。

2 将鸡蛋打散，将茼蒿末和A中所列食材放入鸡蛋液中混合均匀。

3 在平底锅中倒入色拉油，待油温变热后倒入步骤2的蛋液，不停大幅度搅拌蛋液，直至做成松软的茼蒿煎蛋饼。

茼蒿……约40g
鸡蛋……2个
A越南鱼露……1小勺
细砂糖……1/2小勺
黑胡椒……适量
色拉油……1大勺

③醋拌胡萝卜丝（易于制作的分量）

1 在胡萝卜丝中撒入盐搅拌均匀，静置片刻。

2 挤干胡萝卜丝的水，放入甜醋中腌制约15分钟。使用时，需将胡萝卜丝的水轻轻挤干，再放入三明治内。

胡萝卜（切丝）……150g
盐……1小撮
甜醋（做法详见本书第38页）……适量

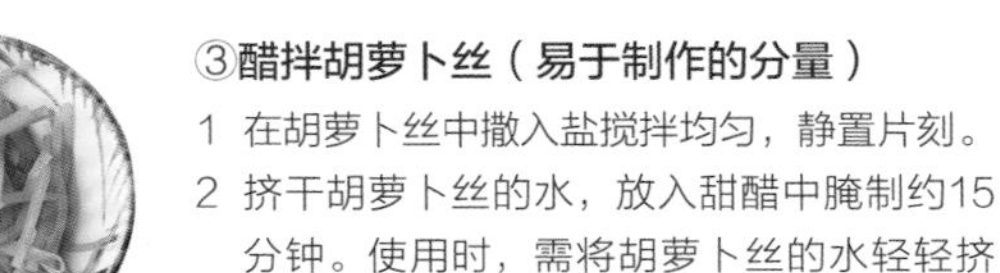

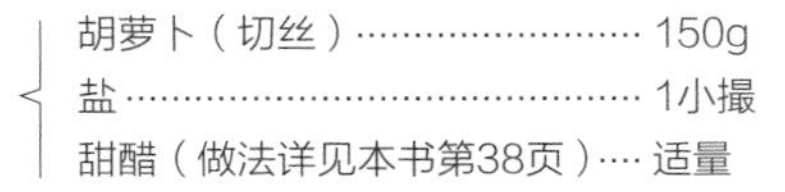

科普克姆三明治（夹着冰激凌的越式三明治）
巧克力三明治（介绍详见本书第28页）

越式三明治小店（STAND BÁNH MÌ）

泰国青柠叶炸猪排三明治（介绍详见本书第12页）

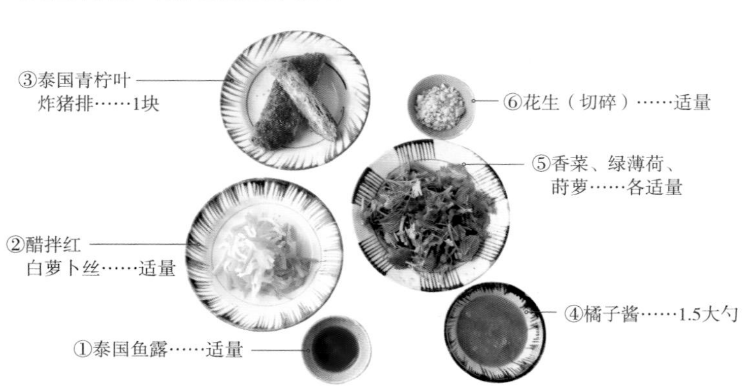

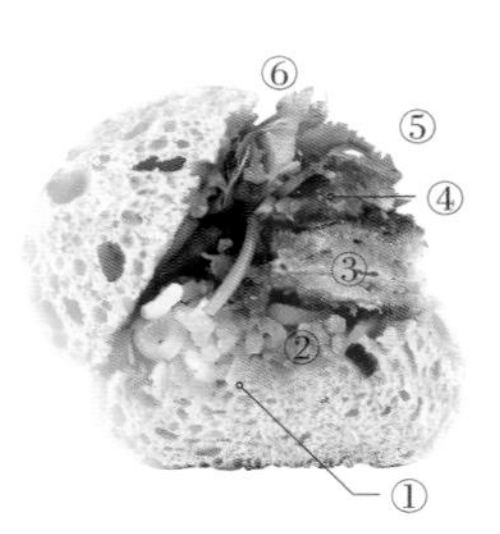

②醋拌红白萝卜丝（易于制作的分量）

白萝卜………1/2根
胡萝卜………2根
A苹果醋……400ml
　米糖………60g
　盐…………3g
　月桂………2块
　水…………100ml

1 将白萝卜、胡萝卜切成3mm厚的丝，撒上盐（材料表未列出・适量），腌制15分钟以上。随后用水洗净，控干水。
2 将A中所列食材倒入平底锅内，煮沸后加入步骤1中的萝卜丝，关火浸泡30分钟以上。
3 挤干水，放冰箱冷却。

③泰国青柠叶炸猪排（1份量）

泰国青柠叶………4片
猪里脊肉薄片……5片
低筋面粉、蛋液、
面包糠……………各适量
盐、胡椒粉………各适量

1 去除泰国青柠叶的茎，切成细小的碎末。
2 取一片猪里脊肉，撒上1/4量的泰国青柠叶碎，再放上一片猪里脊肉。依次放完5片猪里脊肉。
3 在最外层的两片猪里脊肉上撒些盐和胡椒粉，再依次裹上低筋面粉、蛋液、面包糠。
4 放入170℃的油（材料表未列出・适量）锅中炸至两面金黄。

④橘子酱（易于制作的分量）

橘子……………………1个
红酒醋………………30ml
蔗糖……………………3g
鸡汤（做法略）……150ml
盐、胡椒粉…………各适量

1 取一个橘子去皮，一半的果肉榨汁，另一半的果肉去筋备用。
2 取一个小锅，倒入红酒醋、蔗糖，用中火煮沸，加入榨好的果汁继续炖煮。
3 当锅中的汤汁还剩一半时，加入鸡汤与剩余的果肉，继续炖煮。当汤汁变浓稠后关火，加入盐、胡椒粉调味即可。

肉酱配越南可可三明治（介绍详见本书第12页）

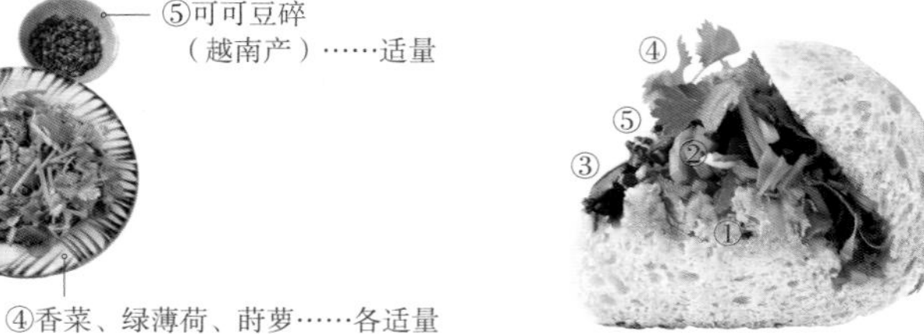

①肉酱（易于制作的分量）

橄榄油 …………………… 适量
大蒜（轻轻捣碎）…… 3瓣
猪五花肉（切成5cm厚的块）………………… 500g
洋葱（切薄片）……… 100g
A鸡汤（做法略）…… 450ml
　白葡萄酒 …………… 100ml
　色拉油……………… 1大勺
B黑胡椒粒 …………… 10粒
　百里香……………… 4根
　意大利欧芹………… 1根
　月桂 ………………… 1块
C黑胡椒（磨碎）…… 1g
　泰国鱼露 …………… 1大勺

1 锅中倒入适量橄榄油放入大蒜，用中火炒香后放入猪五花肉。
2 当猪五花肉炒至两面金黄后加入洋葱。当洋葱炒至透明后加入A中所列食材煮沸，并去除浮沫。
3 将B中所列食材放入锅中，转小火盖上锅盖炖煮1小时，直至肉质软烂，用竹签可扎透为止。炖煮期间，需每隔15分钟开盖查看一次，当锅中汤汁少于肉量的1/3时，需加入鸡汤（材料表未列出・适量）直至没过肉块。
4 炖煮的汤汁上会浮着一层透明的油脂，油脂与汤汁分别取出备用。将肉块取出，倒入料理机内。
5 以5秒每次的频率用料理机将猪肉略微搅碎，加入C中食材与步骤4中的汤汁，继续以5秒每次的频率搅拌。
6 将搅拌好的肉糜倒入碗中，再将碗放入冰水中，一边搅拌一边冷却肉糜。为了防止空气的进入，需在搅拌好的肉糜上倒入步骤4中取出的油脂，然后放冰箱冷冻定型即可。

③红酒酱（易于制作的分量）

红酒醋 ……… 2大勺
蔗糖…………… 1大勺
泰国鱼露…… 1大勺
黄油…………… 10g
黑胡椒 ……… 适量

在小锅里放入上面所有材料，中火加热，煮至黏稠即可。

咖喱椰子鸡三明治 （介绍详见本书第18页）

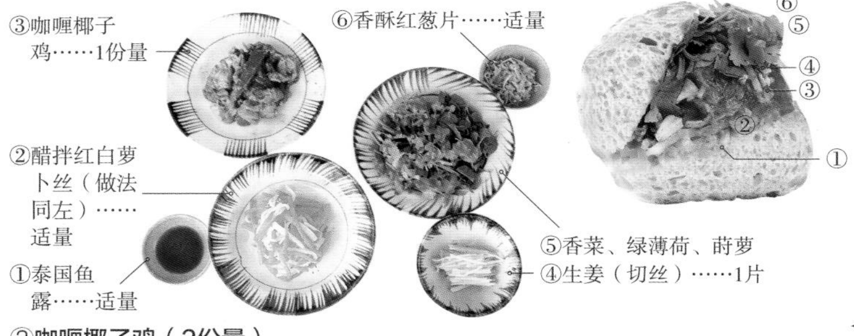

③咖喱椰子鸡（2份量）

1 将鸡腿肉切小块，涂抹上A中食材，盖上保鲜膜放冰箱冷藏10分钟以上。
2 将洋葱切成薄片，红彩椒切成2cm的长条。
3 取一个小锅，倒入橄榄油、肉桂，用中火炒香后放入洋葱，当洋葱炒至透明时加入红彩椒继续翻炒约3分钟。
4 将步骤1中腌制好的鸡肉倒入锅中继续翻炒，当鸡肉变白后，加入B中所列食材继续翻炒，注意火候不宜过大。
5 香料炒香后，加入C中所列食材继续翻炒直至收汁。

鸡腿肉 …………………… 1块
A大蒜（擦成泥）……1小勺
　生姜（擦成泥）……1小勺
洋葱……………………… 1/4个
红彩椒 ………………… 1/4个
橄榄油 …………………… 适量
整块肉桂………………… 1g
B香菜籽粉 ……………… 1g
　印度咖喱粉………… 1g
　辣椒粉……………… 0.5g
C椰奶…………………… 50ml
　泰国鱼露 …………… 2小勺
　水…………………… 50ml

黄油烤白身鱼配柠檬草酱三明治 （介绍详见本书第20页）

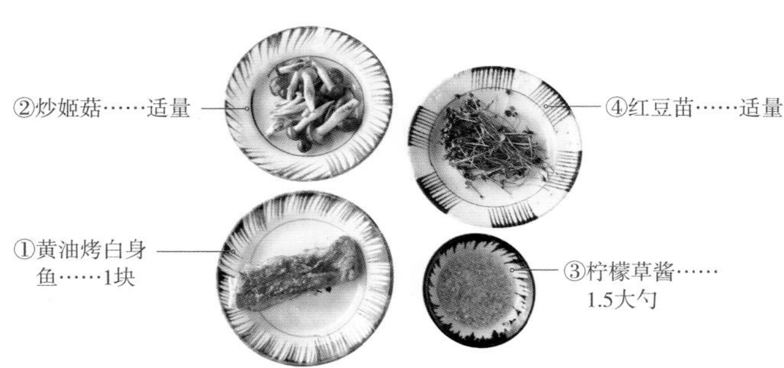

①黄油烤白身鱼（1份量）

鳕鱼……………1块
小麦粉…………适量
黄油……………1大勺
橄榄油…………1大勺
盐、胡椒粉……各适量

1 将鳕鱼放入盘内铺平，两面均撒上些许盐，盖上保鲜膜后放入冰箱冷藏10分钟以上。
2 用厨房纸巾去除鳕鱼表面的水，撒上些许胡椒，再裹满小麦粉。
3 在平底锅中倒入黄油、橄榄油，开中火加热。当锅中响起噼里啪啦的声音时，将鳕鱼一面朝下放入锅内，待煎至金黄后将平底锅倾斜，以不断用勺子将油淋至鳕鱼上的方式烹饪约5分钟。取出鳕鱼控油。用同一平底锅制作炒姬菇（见右）。

②炒姬菇

姬菇…………………………适量
橄榄油、盐、胡椒粉……各适量

用厨房纸巾去除平底锅中炒鳕鱼时剩余的油。重新倒入橄榄油，放入姬菇翻炒一会儿，撒入盐、胡椒调味即可。

③柠檬草酱（易于制作的分量）

橄榄油……………… 1大勺
大蒜（擦成泥）…… 1小勺
柠檬草（切末）…… 1根
A蔗糖……………… 2小勺
　泰国鱼露………… 1小勺
　柠檬汁…………… 1小勺

1 取一个小锅，倒入橄榄油、蒜泥用小火炒香，倒入柠檬草末稍微翻炒一会儿。
2 倒入A中所列食材搅拌均匀，当蔗糖溶化后关火。

油封三文鱼配凉拌紫甘蓝三明治

（介绍详见本书第21页）

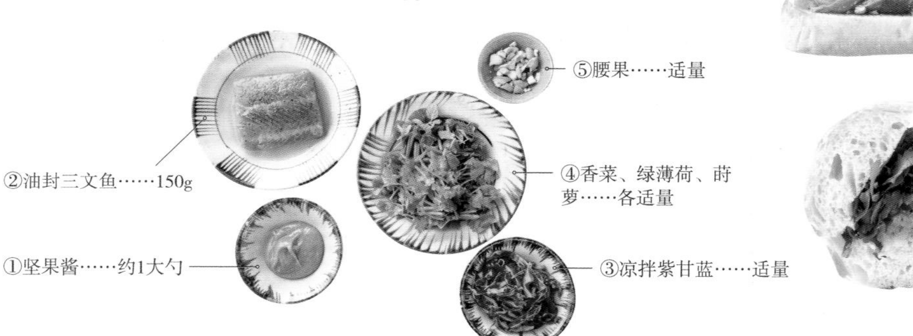

①坚果酱（易于制作的分量）

花生酱…………1大勺
枫糖浆…………1小勺
泰国鱼露………1/2小勺

将所有食材搅拌均匀。

②油封三文鱼（1份量）

制作生鱼片用的三文鱼……150g
盐、胡椒粉……………………各适量
A月桂皮………………………1块
　百里香………………………1根
　橄榄油………………………100ml

1 将三文鱼平铺于餐盘内，在两面撒上些许盐、胡椒粉，盖上保鲜膜后放入冰箱冷藏2小时。
2 在密封袋内放入冷藏好的三文鱼和A中所列食材，排除空气后封口。
3 锅中烧好40℃的热水，将密封袋放入锅中。炖煮时，需保证锅内温度维持在40℃。煮10分钟后关火，闷至逐渐冷却。

③凉拌紫甘蓝（易于制作的分量）

紫甘蓝（切丝）…… 100g
盐……………………… 1/2小勺
A白葡萄酒醋……… 1小勺
　橄榄油…………… 1小勺
　泰国鱼露………… 1/2小勺

1 在紫甘蓝丝中撒入适量的盐，搅拌后静置5分钟。
2 挤干紫甘蓝丝的水，加入A中所列食材搅拌均匀。

SHOP INFORMATION

专题　越式三明治☆三明治（BÁNH MÌ☆SANDWICH）

源自加拿大的、馅料满满的越式三明治

我的特色三明治　木坂幸子

我第一次吃越式三明治是在加拿大留学的时候。一份越式三明治居然能品尝到多种不同的食材，这对当时的我来说十分新奇，我每周都会吃上三次。原本我打算在加拿大学好英语后去美国的贝果面包房做学徒，但考虑到日本的贝果面包房日渐增多，而越式三明治专卖店却十分罕见，于是最终我决定回日本开一家越式三明治专卖店。

加拿大当地越式三明治的特点是馅料满满，其内部往往还会涂满蒜蓉蛋黄酱，食用时那满满的油脂令人无法自拔。就连在越南作为点缀用的醋拌萝卜丝，到加拿大后分量也变大了起来。人们只需食用一份越式三明治便可收获吃撑的满足感，这一直是我的经营理念。为此，本店所售的越式三明治各个制作精良、馅料十足，以期能收获更多的回头客。

我曾打算开面包房，受此缘由影响，自开业以来本店一贯使用自制面包。在开业前，我也曾上网调研过越南面包的制作方法。但自制面包的道路并非一帆风顺。后来，通过加入小麦粉、大米粉，不断调整配比等一番艰难的摸索之后，我终于制成了本店特有的自制面包。随后我得知，极少有面包房会在制作面包时加入大米粉。其实，相比普通面包，加入大米粉制成的面包更加酥脆。时至今日，本店也依旧采用的是含大米粉制成的面包。此外，因为2018年开业的水道桥店与高田马场店的烤箱规格并不相同，若是采用相同的配方，新店做出的面包口感将过于软糯。为此，本人特意改良了新店的面包配方。2019年，本店购入了移动餐车，今后将前往不同的场所，把美味的越式三明治带至更多人的身边。

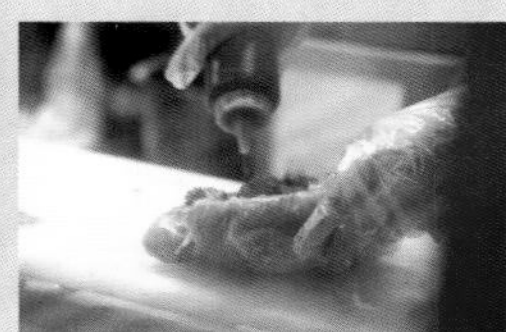

常规菜单

越式西贡火腿猪肉酱三明治
越式越南火腿肝泥三明治
越式鲜虾牛油果三明治
越式番茄烩肉丸三明治
越式烤牛肉三明治
越式香脆猪肉三明治
越式烤猪肉三明治
越式越南咖喱鸡三明治
越式纯素芝士三明治
越式鸡蛋肉酱三明治

个人简介

木坂幸子

曾在餐饮店、面包房等工作过，29岁赴加拿大留学时接触到了越式三明治。2010年，回国后开了一家在当时十分罕见的销售越式三明治的专卖店。最喜欢的越式三明治内馅是火腿与肉酱。

店铺信息

高田马场店

地址：东京都新宿区高田马场4-9-18
电话：03-5937-4547
营业时间：平时11：00—19：00，周六11：00—18：00，节假日11：00—17：00，每周日、周一不营业

水道桥店

地址：东京都千代区神田三崎町1-4-9
电话：03-6876-8545
营业时间：11：00—20：00，每周日、周一不营业

SHOP INFORMATION

专题　邵氏越南三明治（VIETNAM SANDWICH Thao's）

越南下饭菜与越式三明治的完美融合

我的特色三明治　小坂由纪

在考虑店内菜单时，相较于重现越南当地原汁原味的越式三明治，我更倾向于用越南当地的下饭菜作为主要食材创作新式越式三明治。在确定菜单前，我会利用网络、视频来寻找制作方法。如此一来，我便能掌握这些下饭菜的制作诀窍、所需的调料食材等信息。随后，我再根据这些已掌握的信息，加上自己的喜好不断地进行尝试和调整。

本店虽然也提供经典的越式火腿肝肉酱三明治，但我却更想要创造一些其他店所没有的新品。我立志要创造出一款人人都能接受的越式三明治，于是便有了现在广受大家喜爱的越式葱油蒸鸡三明治。蒸熟的鸡肉清爽可口，通过菜名人们便可轻松地联想到菜品的味道。如此一来，即便那些没有接触过越式三明治的人，看到菜名也会想要一尝究竟。此外，这款三明治还使用了越南常见的调味料——葱油和越南鱼露，恰到好处地展现了其越式三明治的特色。

本店所有越式三明治的基础食材有酱汁、香菜、醋拌红白萝卜丝、自制蛋黄酱。除了基础食材外，我还会根据不同的主要食材，搭配与之相配的辅助食材，以此来调整菜品的整体口感。例如：蒸鸡类的清淡食材，我一般会搭配香酥红葱片，使菜品的味道更有层次；若是五香粉酱汁烤鸡的话，我会搭配一些紫苏叶；而烤腌制的猪肉，我则会搭配小葱，使菜品更加爽口。

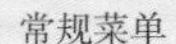

个人简介

小坂由纪

在美国波特兰学习语言的时候，十分爱吃越式三明治。回国后，曾从事过公司职员、越南餐馆店员等工作，随后进入向往已久的“越式三明治☆三明治（BÁNH MÌ☆SANDWICH）”做学徒，并于2015年开了一家属于自己的店——邵氏越南三明治（VIETNAM SANDWICH Thao's）。本人最喜欢的是刚做好的越式鸡蛋饼三明治。

常规菜单

越式自制越南火腿肝肉酱三明治
越式柠檬草烤猪肉三明治
越式五香粉烤鸡三明治
越式中国风味叉烧三明治
越式葱油蒸鸡三明治
越式炸香草白身鱼三明治
（除提供常规菜单上的食物之外，每日还会提供1道菜单之外的限定单品）

店铺信息

地址：神奈川县川崎市中原区木月2-1-1
电话：044-982-3299
营业时间：周一、周三至周五10：30—19：30，周末、节假日10：30—18：30，每周二不营业

SHOP INFORMATION

专题　惠比寿越式三明治面包坊（EBISU BÁNH MÌ BAKERY）

正如同海外的寿司和饭团等在不断地创新一样，本店也致力于创造日本特有的越式三明治

我的特色三明治　筷子集团（CHOPSTICKS GROUP）

筷子集团在日本开设有多家餐饮店，其中就包括一家以“筷子”为名的新鲜米粉店。最近，筷子集团为拓展新业务，在日本开设了一家名为“惠比寿越式三明治面包坊”的新店。本店既是一家越式三明治专卖店，也是一家面包坊，可提供越式三明治的必需食材——法棍面包的零售与批发业务。筷子集团为何继越南米粉、越南居酒屋后选择开设一家越式三明治专卖店？集团代表茂木先生说出了其中的理由：“在得知越南、日本的越式三明治销量后，认为越式三明治在日本很有前景，于是做出了这个决定。”

初代店长片冈亨先生与本公司企划开发部东先生曾前往越南北部小镇的一家面包坊学习技术并获得了真传，而这就是本店法棍面包做法的由来。片冈先生曾说过：“最理想的面包应当口感适中、外皮酥脆、内里柔软。咀嚼时，面包与其他食材能一同融于口腔之中。如果面包过于松软，便只能品尝到食材的味道，也就无法称之为美味。”但由于越南与日本的气候迥异，产出的面粉也不相同，在开业初期，初代店长经历了一番艰难的探索，才确定了面包的做法。如今，拥有40余年从业经历的专业面包师石原先生接手负责本店的面包制作，他仍在精进面包做法的道路上不断前行。

本店菜品的研发主要依靠“筷子吉祥寺店”的店长秋村先生。关于菜品研发，秋村先生曾说过：“正因为石原先生做出了百搭的面包，我才能大胆尝试。在我看来只要好吃，在越式三明治中放入任何食材都没有问题。如同海外的寿司、饭团等在不断地创新一样，在越式三明治中放入泰式烤鸡也未尝不可。今后我也将继续创造新的越式三明治菜品。”本店的每周替换菜品则是由来自越南的东先生负责，他常有新的创意，例如：在越式三明治中放入炸春卷等。今后，本店也将继续创新菜品的做法，不断拓宽越式三明治的世界。

左边的照片由左至右依次为：连锁店筷子吉祥寺店店长兼惠比寿越式三明治面包房菜品研发负责人秋村幸太郎先生、负责本店经营的福母餐馆经营代理公司法人代表茂木贵彦先生、同公司总部企划开发负责人谭文东（音译）先生。右边的照片是负责制作面包的石原健一。

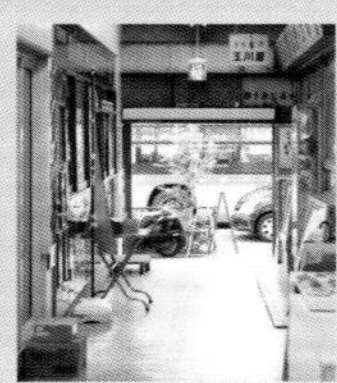

常规菜单

越式西贡三明治
越式柠檬草烤猪肉三明治
越式烤沙嗲鸡肉三明治
越式碎沙拉三明治
越式越南火腿三明治
越式辣味蛋黄酱虾仁配牛油果三明治
越式番茄酱烩炸青花鱼三明治
越式炸豆腐配应季蔬菜三明治
每周替换菜品1道

店铺信息

地址：东京都涉谷区惠比寿1-8-14惠比寿商店内
电话：03-6319-5390
营业时间：11：00—20：00（全年无休）

专题　越式三明治你好（BÁNH MÌ XIN CHÀO）

极尽所能，忠实重现越南中部家乡越式三明治的美味

我的特色三明治　裴成维（音译）

我在越南中部的广南省出生长大。广南省不仅有“世界遗产”之称的古都会安，还有游客日渐增多的岘港。原本打算在日本创业的我，在日本三重县的大学学习了经营学。而我之所以想要在日本开一家越式三明治专卖店，则源自一次去东京的旅行。当时，我看见许多人在土耳其烤肉店门前排队等待。在我看来，越式三明治比土耳其烤肉更加美味，并且早就被面向世界发行旅游指南的出版社评选为“10个世界最美味的街边小吃”之一。于是，我认定越式三明治终会在日本流行起来。同时，我也希望越来越多的日本人能够通过本店来了解越式三明治的美味。

在越南，不同的地域有着不同的口味特点，南部的菜品甜味居多，而中部的菜品则更咸、味道更浓厚。我自幼生长于此，也早已习惯了越南鱼露、酱油那浓厚的味道。本店所有越式三明治中所加入的酱汁做法，都是我与合伙经营的弟弟共同讨论的结果。无论哪款酱汁都充分展现了越南中部地区的特色。我们不打算为迎合日本人的口感而进行改良。我们想要尽可能地展现越南当地的味道，令在日本的越南人能够感受到一份亲近，也能令日本人品尝到正宗的当地美食的味道。制作越式三明治必不可少的食材就是薄黄瓜片。此外，越南当地的越式三明治中，最常见的香料有蓼、亚洲罗勒、薄荷。但在日本，人们很喜欢香菜，所以本店所有的越式三明治中都加入了香菜。

个人简介

裴成维（音译）

大学毕业后，继承家业，于2007年赴日。从三重县的四日市大学经济学部毕业后，与还在同一学校就读的弟弟裴成探（音译）于2016年开设了名为“越式三明治你好（BÁNH MÌ XIN CHÀO）”的店。2018年，在越南胡志明市开设了分店。本人最喜欢的越式三明治是治恰经典越式三明治。

常规菜单

治恰经典越式三明治
越式烤猪肉三明治
越式烤鸡肉三明治
越式煎蛋三明治
越式越南鱼露腌猪肉三明治
越式特色三明治

店铺信息

地址：东京都新宿区高田马场4-13-9笹尾大厦1楼
电话：03-6279-1588
营业时间：10：00—21：00（全年无休）

SHOP INFORMATION

专题　越式三明治小店（STAND BÁNH MÌ）

“法越合璧”的新式三明治

我的特色三明治　白井瑛里

越南曾是法国的殖民地，至今也保留着一些法国文化的气息。或许是因此，越南的菜肴与红酒十分相配，而我也从中得到了一个灵感，“若是用自然发酵的红酒搭配越式三明治的话，人们便可与法国人一样，在白天舒适地喝上一杯酒。”出于这一想法，本人将“法越合璧”的越式三明治定为本店的重点菜品。

在开业准备期间，我的首要课题便是面包的研发。很早以前，我便知道有一家店的炸猪排三明治十分好吃。于是，我直接前往这家商店的面包供应商处咨询面包的做法。没想到供应商听了我的需求后，立刻允诺了下来并回复道：“虽然我们是第一次制作越式三明治用的面包，但听上去十分有趣。”之后，通过反复地尝试，终于做出了两种面包。一种是加入了大米粉，口感绵软的“常规面包”。另一种是在日产无农药小麦粉中加入了麦糠和米粉，口感酥脆、香气浓厚的“豪华面包”。

本店常规菜单内的越式三明治沿用了越南当地的风格，使用的内馅有自制火腿和肝肉酱、番茄酱烩青花鱼等。而本书中介绍的越式三明治都是本店参展时的限定原创款。每一款都与红酒十分相配，口感清新细腻。在研发越式三明治时，我会先在笔记本上分别列出黄油烤白身鱼、炸猪排等主要食材与柠檬草、泰国青柠等具有越南特色的食材。随后，依照个人喜好在两列食材中间连线，再依照连线进行试做，最后再通过搭配一些醋拌萝卜丝、泡菜、芝麻、坚果等调整越式三明治的整体味道。

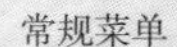

个人简介
白井瑛里

曾为公司职员，后进入法国餐饮店就职。2017年，在学艺大学独自一人开设了本店。本店所做的越南菜肴以法国菜为基础，使用包括有机蔬菜在内的各种有机食材制成，不仅有益健康且与无添加、无化学成分的红酒十分相配。本人最喜欢的越式三明治食材是肝肉酱。

常规菜单
越式豪华三明治
越式原创三明治
越式猪五花肉三明治
越式番茄烩青花鱼三明治
越式牛脸颊肉三明治

店铺信息
地址：东京都目黑区鹰番2-16-13 M&K鹰番1楼
※计划于2019年7月左右搬入上述地址。

招牌！火腿肝肉酱三明治

提到招牌三明治，大家就会想起火腿肝肉酱三明治。此款三明治一直被誉为经典，无论大街小巷都能看到它的身影。当然也是日本三明治专卖店的招牌！

多种自制火腿　　越式三明治☆三明治（BÁNH MÌ☆SANDWICH）

放入了多种火腿的三明治可谓是豪华升级版。此款三明治的特点是能同时享用多种不同味道的火腿。肝肉酱选用的是当地十分流行的猪肝制作而成。此款三明治中夹有叉烧、清脆的木耳猪耳火腿、猪皮猪舌火腿、顺滑的蒸越南特色火腿，以上皆为自制品。

西贡火腿猪肉酱三明治

购买火腿搭配自制肝肉酱　　足立由美子

有许多火腿店、面包房也售卖三明治，大多数的三明治专卖店会选择从火腿店订购火腿、面包房订购面包，但唯独只有肝肉酱必须是自制品。制作时，配料可根据个人口味进行调整，可加入的火腿也有多种选择。图中所用的是自制肝肉酱，但为了方便也可采用购买的肝肉酱（做法详见本书第38页）。

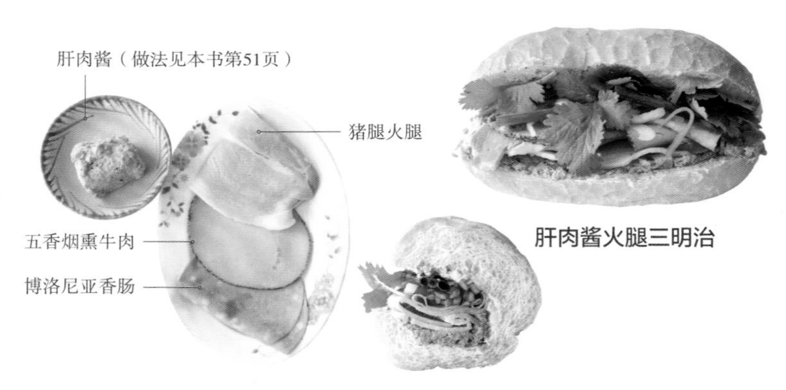

肝肉酱火腿三明治

自制肝肉酱、叉烧搭配购买的火腿　　越式三明治你好（BÁNH MÌ XIN CHÀO）

此款三明治中的叉烧、肝肉酱皆为自制品。肝肉酱的做法与越南当地相同，皆采用猪肝制作而成。将猪肝放入牛奶中浸泡去味，再炒至微焦，加入炒熟的洋葱、大葱，一起打成糊状，一份美味无比的肝肉酱便做好了。火腿则采用越南当地产的蒸越南特色火腿，口感十分顺滑（做法详见本书第36页）。

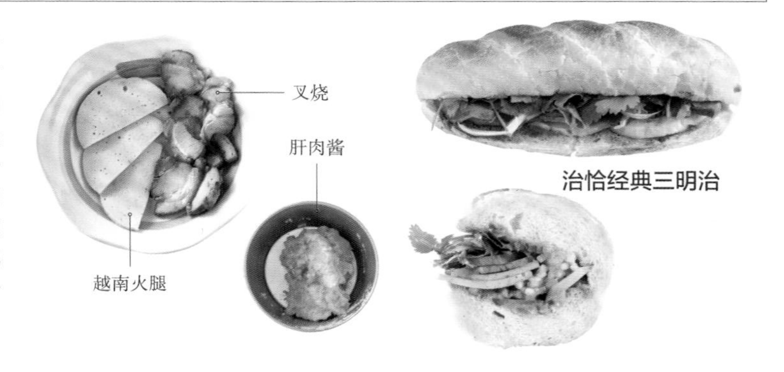

治恰经典三明治

在越南北部城镇火腿店学到的秘制火腿　　惠比寿越式三明治面包坊（EBISU BÁNH MÌ BAKERY）

越南火腿三明治

肝肉酱　越南火腿（做法详见本书第50页）

店主在探寻面包做法的旅途中，曾造访过越南北部的一家居酒屋——生啤。正是该居酒屋的老板传授了店主秘制火腿的做法。肝肉酱是按照当地的做法制作而成，猪肝的味道较重，为了中和口味，店主在肝肉酱中加入了大蒜、生奶油等，使之口感更加柔和。（做法详见本书第34页）

自制顺滑蒸火腿与清脆猪耳火腿　　邵氏越南三明治（VIETNAM SANDWICH Thao's）

猪肉冻

特色火腿肝肉酱三明治

特色火腿　肝肉酱

此款三明治中的肝肉酱采用了味道不太重的鸡肝，加入猪肉末搅拌均匀，再加入甜口蔬菜，最后用黑胡椒碎调味，为肝肉酱增添一丝辣味。而火腿，则采用了两种：一种是将猪肉末搅成顺滑的肉糜，再通过蒸煮制作而成的特色火腿；另一种是将炒熟的木耳、猪耳、猪舌装入特制的容器中冷却成形的猪肉冻。以上食材皆为自制品。

无腥味肝肉酱和用罐状容器制成的火腿　　越式三明治小店（STAND BÁNH MÌ）

火腿

肝肉酱

特色原创三明治

此款三明治的法棍面包上涂抹的不是黄油，而是一款加入了大蒜的酱汁——大蒜蛋黄酱。令人食欲大增的香气，使得此款三明治更显风情。肝肉酱则采用了鸡肝，在牛奶中浸泡一晚，翻炒至烧干汤汁，再加入纯天然红酒制作而成，使得口感更加细腻、香甜。而火腿则是将乳化肠塞入罐状容器内，放入烤箱中通过水浴法烤制而成。

自制越南火腿的做法

惠比寿越式三明治面包坊（EBISU BÁNH MÌ BAKERY）

在越南，将搅拌顺滑的肉糜放入容器内蒸煮而成的火腿，是三明治的经典搭配。接下来介绍的这款水蒸越南火腿，是在越南北部学到的。

材料：
开店备货量

猪肉末（里脊肉）……700g
猪肉末（猪腿肉）……700g
猪背膘（搅碎）………600g
越南鱼露………………40ml
细砂糖…………………30g
盐……………10g
白胡椒粉….15g
淀粉…………30g
油……………30ml
冰水…………适量

1 将所有食材放入一个碗内，用手将其搅拌均匀。

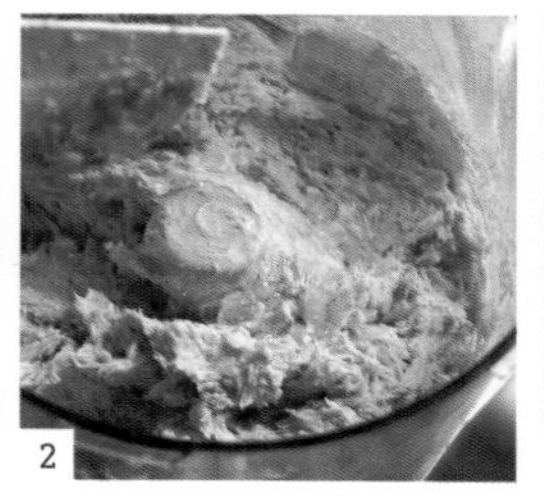

2 将搅拌好的肉糜倒入料理机中，以15秒为单位，多次搅拌至顺滑无颗粒为止。制作时，可以时不时用橡胶小刀翻动肉糜。

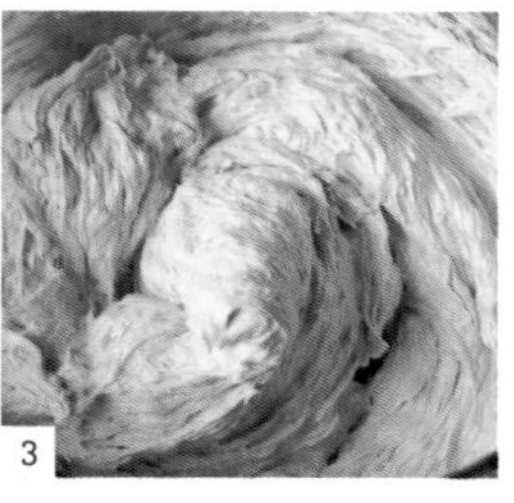

3 在肉糜中分批次加入约200ml冰水，再次搅拌，直至肉糜呈现图中的效果。

4 将肉糜装入塑料袋内，摊平冷冻。

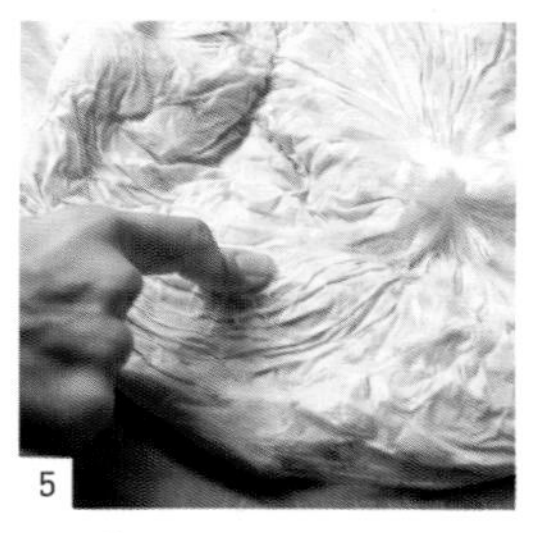

5 用手指按压肉糜，如感到略微有点弹力，即可将肉糜再次放入料理机中。

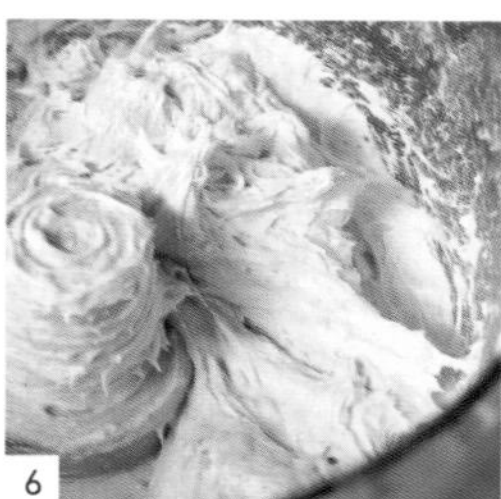

6 再次搅拌，直至顺滑。

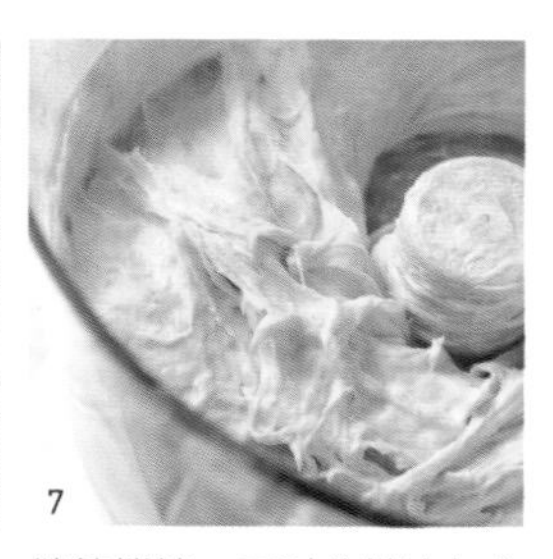

7 继续搅拌，同时分批次加入约400ml冰水，直至肉糜呈现图中的效果。

8 拿出火腿定型模具。使用方法是：在A中塞满肉糜、用B盖住A的两端、用C进行固定。

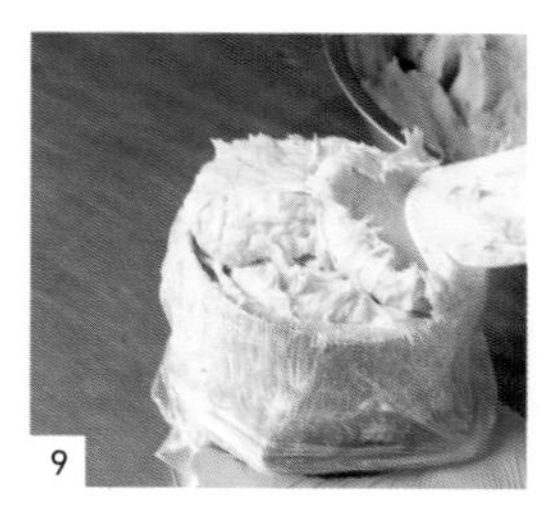

9 将制作好的肉糜放入塑料袋中，排出空气后放入A中。将B盖住A的一端，继续往塑料袋内塞入肉糜直至装满。

10 排出塑料袋内的空气后，用橡皮筋绑好塑料袋，盖上盖子。再用C固定好模具。

11 烧一锅满满的沸水，将模具放入其中，盖上锅盖，煮45~60分钟。

12 从锅中取出模具，冷却后脱模。

肝肉酱的做法

足立由美子

三明治专卖店一般都会自己制作肝肉酱，且多使用猪肝。此次介绍的做法中还加入了猪背膘、猪腿肉，这样做出的肝肉酱味道更加鲜美。

材料：
需要一个长15.5cm、宽12cm、高5cm的容器。

法棍面包…………20g	猪背膘………100g
牛奶………………2大勺	猪腿肉………100g
色拉油……………3大勺	盐………………1小勺
蒜（切末）………2瓣	细砂糖………1/4小勺
洋葱（切末）……100g	黑胡椒碎……1/2大勺
猪肝………………100g	鸡蛋…………1/2个
越南米酒…………1大勺	

将法棍面包掰成较小的面包碎。

加入牛奶，用手搅拌，使其充分吸收。

在平底锅中加入色拉油和蒜末，倒入洋葱末慢炒至微微泛黄。

再取一个平底锅，倒入色拉油，将猪肝两面煎至变色。加入越南米酒，令其燃烧，直至酒精挥发完毕。

将猪肝取出，剩余的汤汁也取出备用。

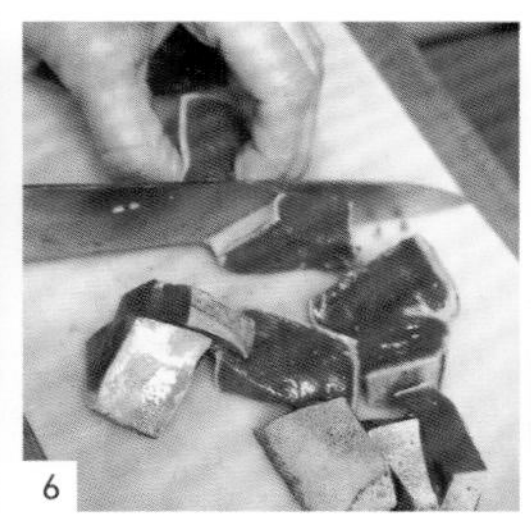

将猪肝切成较大的块状。

猪背膘也切成较大的块状，放入料理机中搅拌至顺滑。再加入切成大块的猪腿肉继续搅拌，直至顺滑。

加入猪肝继续搅拌，直至顺滑。

加入2、3中的食材，继续搅拌，直至顺滑。

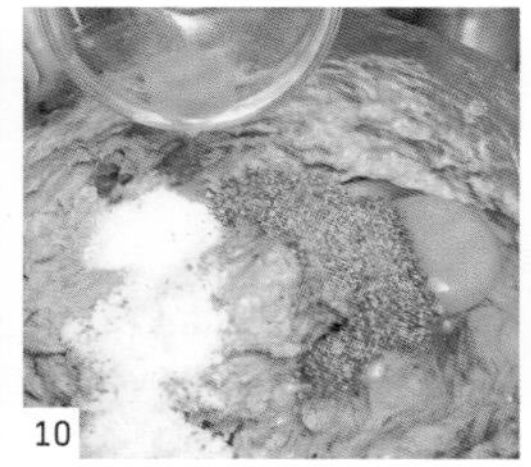

加入盐、黑胡椒碎、鸡蛋、细砂糖、煎猪肝剩余的汤汁，继续搅拌，直至顺滑。

在垫有烤箱纸的模具内倒入处理好的肉糜，压实。

将模具放入蒸锅中，蒸约30分钟，用牙签扎肉糜，如果出现透明的汤汁，则表示蒸好了。

多种面包介绍

对于三明治来说，使用何种面包十分关键。此处介绍了各店所用面包的口感及味道，为各位读者制作三明治提供了一份参考。

越式三明治☆三明治
（BÁNH MÌ SANDWICH）

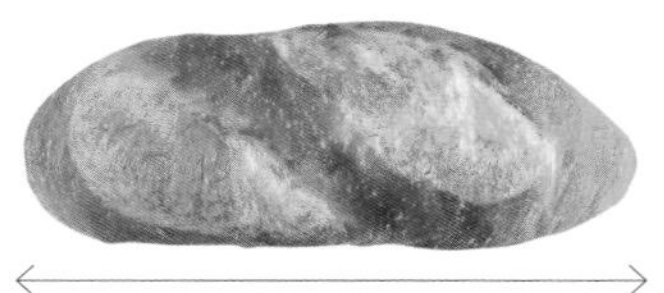

23.5cm

每日早晨，所有店铺都会自制此款面包。这款面包质地扎实、内里松软，制作时加入了大米粉，烤制过后外皮酥脆，与任何食材都十分相配，单吃也十分美味。

邵氏越南三明治
（VIETNAM SANDWICH Thao's）

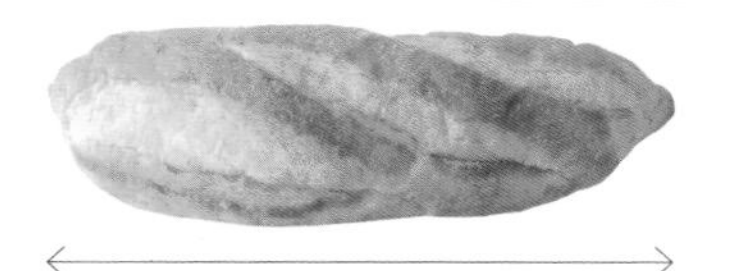

24cm

此款面包是专业面包厂商的特别定制款，外皮轻薄、质地轻盈却又略带弹力。外观上，中部鼓起，似越南南部常见的面包样式。批发商在制作面包时一般只会做出一道刀痕，而为了得到火候合适的面包，店主特意要求批发商在制作时多做出几道刀痕。

银座岩鱼
（银座ROCKFISH）

足立由美子

15.5cm

这是街边老字号面包店制作的质地松软的法棍面包。此款面包的面团做法与店内原本的法棍面包相同，只是额外要求将面包的外形做成略为短胖的形状。而这一形状正是胡志明市越式三明治专卖店面包的常规样式。

惠比寿越式三明治面包坊
（EBISU BÁNH MÌ BAKERY）

23cm

这是店家的自制面包。因店家需要将此款面包运往各地，为了保证冷藏后再烘烤的面包依旧能有较好的品质，店家在研发之时费了一番功夫。此款面包采用了制作法棍面包时所需要的高筋面粉以及日产小麦粉制作而成，外皮轻薄、内里松软、气孔均匀细密。

越式三明治你好
（BÁNH MÌ XIN CHÀO）

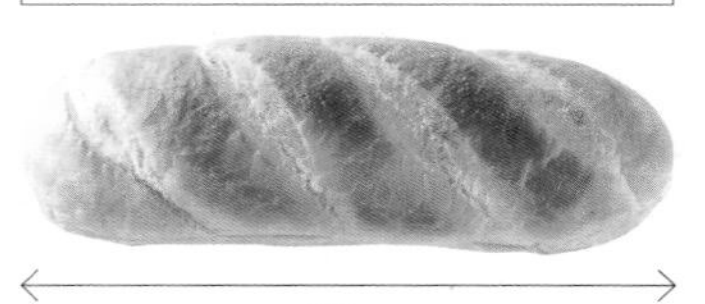

25cm

此款面包订购自专业面包厂商。因为店内用量较大，许多面包厂商都不接单，故店主在确定供应商方面费了一番功夫。店主坚持三明治的面包务必外皮酥脆内里柔软，为此他也多次要求厂商改良面包的做法。

越式三明治小店（STAND BÁNH MÌ）

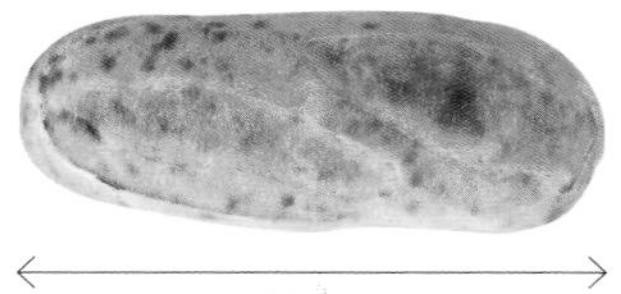

22cm

此款面包外皮轻薄酥脆，内里十分劲道。因其采用了微甜的面团制作而成，即便单吃也十分美味。在中目黑曾有一家名为“酒馆角（TAVERN CORNER）”的红酒餐厅兼顾面包销售，店主特意向该店定制了此款面包。在经历了多次的制作失败后，终于完成了此款面包的研发工作。

安迪（ĂN ĐI）

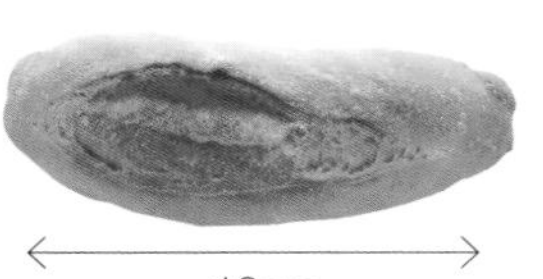

16cm

10cm

此款面包源自一个名为“面包和”的普通品牌。此品牌隶属于餐饮食材供应商“风格面包”（群马・桐生店）。此款面包外皮轻薄、内里轻盈，可以很好地凸显食材的味道。使用时，只需使用蒸汽烤箱微微加热即可。

私厨.（KITCHEN.）

22cm

此款面包是“灯芯绒面包坊（CORDUROY）”（东京・瑞江店）的特别定制款，质地轻盈松软。为了能制作出外皮一咬即断的面包，铃木先生特意要求面包房摒弃常规的法式长棍面包印象，按照软式法棍面包制作而成。

江古田小店（PARLOR江古田）

17cm

此款面包表皮厚实，口感扎实却又十分酥脆。为了不掩盖食材本身的味道，店主只采用了极少量的自制葡萄干酵母，经历长时间发酵后烘烤而成。

千织便当店（CHIOBEN）

12cm

14.5cm

8cm

15cm

以上同为面包房“365日”（东京・代代木公园店）的产品。由左至右分别为口感酥脆、外形较小的“365日法式长棍面包”，口感质朴的“365日枕头面包”，质地松软的“365日奶油面包”，外皮酥脆、口感劲道的“100%”。以上面包均采用两种以上日产小麦粉制作而成。

足立由美子

此款是江古田小店（PARLOR江古田）的奶油面包，甜度适中、质地松软，焦糖的色泽散发着诱人的香气。采用此款奶油面包制作甜口三明治最为合适。

5.5cm

三明治灵魂——专业面包师所做的法棍面包

本书所采访的店铺中，有一些使用了向专业面包师特别定制的面包。为此，我们拜访了为各店制作面包的专业面包师们，向他们学习了制作三明治用法棍面包的秘诀。

惠比寿越式三明治面包坊的面包

石原健一先生（惠比寿越式三明治面包坊）

外皮轻薄酥脆、内里柔软且气孔细密，整体味道偏淡，可以更好地突显食材。根据我40多年的从业经验来看，制作三明治的面包应该选用法式长棍面包。但是店主所要求的面包却与我的想法截然相反。于是，我只能摒弃常年制作“正宗法棍面包”的观念，从头开始构想如何做出符合店主要求的面包。最终做成的此款面包，其做法更类似于枕头面包。

首先，我们需要做好一个质地轻盈却又有一定体积的面团。为了保证面团冷冻过后味道依旧不变，我们需要在其中加入干酵母、鲁邦液种（使用小麦粉制成的液状酵母面种）和静置了18小时以上的老面。面粉主要选用了三种品牌混合而成。首先，以日清制粉出品的法棍面包专用高筋面粉“百合（LYSDOR）”为主，再搭配一些奥本制粉出品的“倩丽（CEZANNE）”提升面包的口感，最后再加入一些平和制粉出品的“北之香气100%”增加面包的香气。

将混合好的面粉制成“无韧劲、较脆”的面团，放入烤箱中通过大量的蒸汽使其迅速膨胀。如此做出的面包，口感松软。此外，法式长棍面包，一般需要在面团上割出一道深深的刀痕。而此款面包却不同，仅竖着在面团表面浅浅地割一道，能使得膨胀后的面包更加饱满。

此款面包与我所做过的法式长棍面包不同，它的手感更加松软轻盈。此款面包并不完美，但是比较符合日本人的口味，且早已成为了本店三明治的专用面包。

惠比寿越式三明治面包坊（详见本书第45页）

越式三明治小店的面包

滏田直也先生（酒馆角（TAVERN CORNER））

我的目标是做出一款表皮柔软、内里膨松的面包，其外观看起来像法棍面包，实则更接近枕头面包。由于此款面包需要搭配其他食材一同食用，故我在研发时就将其定位为配角。同时，我还兼顾制作三明治的特性，最终研发出了一款微微加热后更加美味的面包。

此款面包使用了制作法式长棍面包的专用面粉——北海道江别制粉的“TYPE ER”。此种面粉含有较高的矿物质，口感、味道都堪称上品。此外，提及越南，人们首先联想到的就是大米，而此款面包中就采用了大米粉，将大米粉与小麦粉按照1比9的比例混合即可。若是面粉中的大米粉比例过多，将大幅减少面包软糯的口感。采用1比9的比例，能恰好同时发挥大米粉和小麦粉的特性，做出的面包也更加软糯。面粉调配好后，还需加入白砂糖、黄油、天然酵母，将其制作成湿润、口感微甜的面团。

制作面团时，不能像制作法式长棍面包那般一直揉捏面团，醒面时间也需要更长一些。醒面后，需用略高的温度将面团立马烤至膨胀。如此做出的面包方才香酥可口。

酒馆角（TAVERN CORNER）

地址：东京都目黑区上目黑1-5-7/电话：03-6412-7644

※酒馆角是一家兼顾面包销售的餐馆，可到店购买自制面包。

私厨.的面包

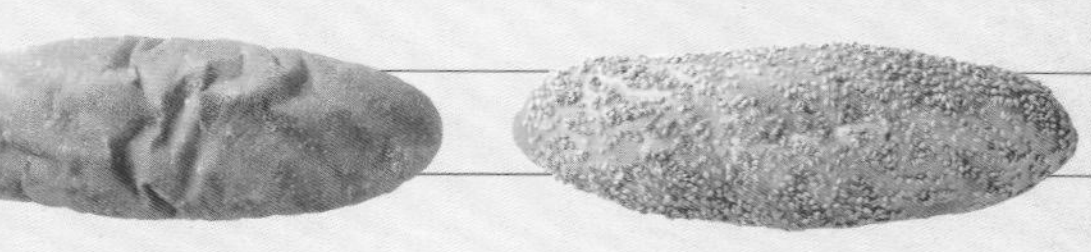

山本一步（灯芯绒面包坊（CORDUROY））

我接到的订单需求是“制作一款类似法国软面包口感的面包”。为此，在制作之初我使用了白砂糖、脱脂奶粉，如此做出的面包松软度已达标。但是，几次尝试后我便发现，如果想要使得面包外皮酥脆、轻薄，就得采用最简朴的做法，使用最简单的配方。于是，我将制作面团的材料限定为小麦粉、水、盐、干酵母。制作时，需要放入比制作法棍面包稍多的酵母，并经过充分的揉打使得面团变得更加筋道。如此做出的面包质感轻盈、酥脆可口。

因为使用的材料简单，材料的选择就很关键。此款面包使用了北海道山忠公司的“月亮70号半（LALUME TYPE70 DEMI）”，蕴含极高的矿物质且口感、味道都堪称上品。

随着不断地研究、试吃三明治，我发现当地人制作面包十分随意，于是我不再刻意要求面包的形状。在我看来，面包略弯或长短不一，反而更能展现正宗越式三明治的魅力。

灯芯绒面包坊（CORDUROY）

地址：东京都江户区南篠崎町2-3-4太阳花园侧（SUNPARK SIDE）1楼

电话：03-6638-8303

第2章

新式三明治

私厨.（KITCHEN.）

仅需一个三明治便可纵享多种食材的口感、香气和味道

我的特色三明治　铃木珠美

本店经常有顾客点越式三明治的外卖。印象中越南最有代表性的食物就是大米，但是当我在越南第一次见到越式三明治时，着实吃了一惊：当地越式三明治的款式居然多种多样，有的是将碾压过的法棍面包沾满蜂蜜，用炭火烤制后食用。有的是蒸上一段时间后，放上鱼肉松一同食用。越南人的创意时常令人惊喜连连，如今他们仍在不断地将各种外国饮食文化与自身饮食文化相结合。现在，仍有许多人会去熟知的老店购买正宗的越式三明治。但与此同时，一些新店也层出不穷，例如：有为素食主义者提供无鱼露版越式三明治的咖啡店，有将越式三明治做成西班牙小吃（PINCHOS）样式的餐馆，等等。我从越式三明治的做法中看到了无限的可能性。

我在制作越式三明治时更喜欢创新。在构思的时候，我会先决定以何种食材为主，例如：肉、鱼、鸡蛋等。然后再思考与醋拌萝卜丝还是类似泡菜清脆酸甜口感的蔬菜搭配更加合适。之后，再加入一些香料、黄瓜、大葱等解腻增香的食材。最后，进行试吃并调整整体的口味，令其品尝起来更像一道越南美食。在研发新越式三明治的过程中，最重要的一点，就是不可像制作普通三明治一般过于注重整体口味的平衡。因为，越式三明治的特点就是同时享受多种不同的口感、香气和味道。

个人简介

铃木珠美

在做食品造型师的时候，迷上了越南菜，后移居越南。在越南经历了2年的技术学习后回国，于2002年开设了私厨.（KITCHEN.）。店内的新潮越南菜收获了许多人的喜爱。本人最喜欢的越式三明治食材是炭烧丸子。

店铺信息

位于西麻布交叉口附近大道旁的一条安静小道上。店内菜肴一般会放入大量的香料、绿叶蔬菜，值得细细品尝。这是从2000年便开始持续引领越南料理热潮的店铺之一。

地址：东京都港区西麻布4-4-12 新西麻布大厦2楼
电话：03-3409-5039
营业时间：18：30—22：00，每周一、六、日及节假日不营业

炙烤鸡肉三明治

此款三明治中的炙烤鸡肉，是将印度烤鸡改良而成。而酱汁采用的是紫苏酱的做法，使用香菜代替罗勒、花生代替松子制作而成。此外，这款越式三明治中还加入了水芹、芝麻菜，增添了一丝清爽、苦涩之感。同时，还搭配了用加有越南鱼露的酱汁腌制而成的红白萝卜丝。

清炸蔬菜配绿辣酱奶油奶酪三明治

将刚烤好的滚烫蔬菜放入三明治内，搭配一些含有柠檬的印度卡其伯沙拉使其口感更加清爽。一些绿辣酱的加入也会给这道三明治增添香气及辣味，加上奶油奶酪的浓厚口感与泡菜的酸味，想必世界各国人民都会爱上此款三明治。

炒面三明治

此款三明治的制作灵感来源于日式炒面面包。在炒至焦脆的炒面中倒入以越南鱼露、甜辣酱为基底制成的酱汁搅拌均匀，再与柠檬草、薄荷一同放入面包内。此款三明治有着与其菜名不相匹配的新潮感。

酸角金枪鱼蛋黄酱三明治

在金枪鱼蛋黄酱中加入一些红洋葱以增加其清脆口感，再配上酸角的酸味，香菜叶及菜籽的香气，如此便基本完成了内馅的制作。最后，再加入一些慢炸后的泰国青柠叶，提升整体菜品的香气和口感。

③清炸泰国青柠叶（做法详见本书第63页）……适量

①酸角金枪鱼蛋黄酱（做法详见本书第63页）……90g

②用越南鱼露酱汁腌制而成的红白萝卜丝（做法详见本书第63页）……适量

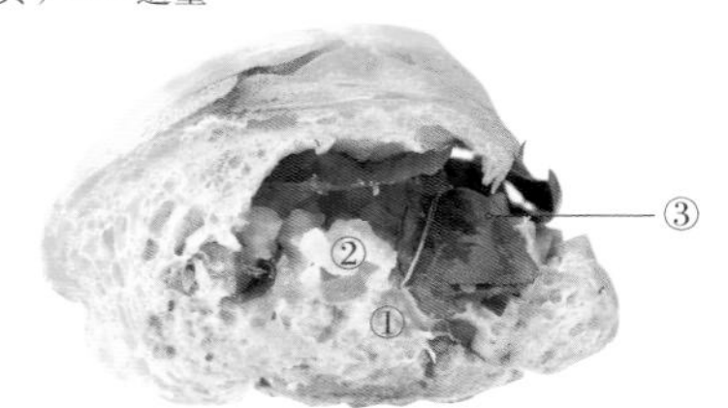

豆腐配番茄酱三明治

与柠檬草一同炒制的豆腐，芳香扑鼻、口感柔和。浓缩了番茄和蘑菇精华的酱汁、芬芳的莳萝、散发着淡淡香料气息的泡菜，使得此款三明治的口感层次十分丰富。

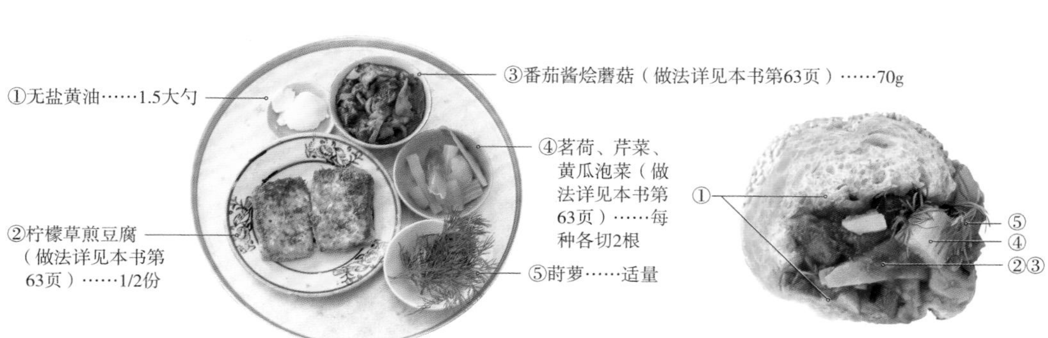

私厨.（KITCHEN.）

※如无特别标注分量，则皆为易于制作的量。

炙烤鸡肉三明治（介绍详见本书第57页）

②炙烤鸡肉（2份量）

鸡腿肉……1个
A柠檬草（切末）……2.5大勺
红洋葱（切末）……1.5大勺
小葱（切成2cm长的小段）……2根
原味酸奶（无糖）……1大勺
炼乳……1.5大勺
越南鱼露……1大勺
调味酱油……1/2大勺
细砂糖……多于1勺

1 用刀从鸡腿肉最厚的地方切开，将其切成厚薄一致的两片。用叉子在鸡肉上扎几个孔。
2 将A中所列食材与步骤1中的鸡腿肉搅拌均匀，放冰箱内腌制1晚。
3 在平底锅中倒入米糠油（材料表未列出・适量），将腌制过的鸡腿肉带皮的一面朝下放入锅中煎。当鸡皮煎至焦香时，翻面煎至两面金黄。煎好后，用刀切成易于食用的块状。

③香菜酱

香菜茎……80g
花生……20g
米糠油……150ml
越南鱼露酱汁*……200ml

*：将越南鱼露、柠檬汁、细砂糖、水按照1：1.5：1.5：1的比例搅拌均匀，再加入适量的大蒜与新鲜红辣椒。

使用料理机将香菜茎、花生、米糠油搅成绵绸的糊状后，加入越南鱼露酱汁搅拌均匀。

清炸蔬菜配绿辣酱奶油奶酪三明治
（介绍详见本书第58页）

②绿辣酱

绿薄荷叶……2杯
香菜（切成2cm长的小段）……1杯
青辣椒（切小段）……2~3根
红洋葱（切大块）……1/4个
青椒（去籽后切成约1cm大小）……1个
生姜……1片
大蒜……1小瓣
柠檬汁……约3大勺
花生*……2大勺
盐……3/4小勺
孜然粉……1小勺

*选用越南产的小粒花生。如没有，可用花生粉代替。

将所有食材放入搅拌机中打成糊状，黏稠度可通过改变柠檬汁的量进行调整。用塑料膜将打好的糊包裹起来，稍微压薄后放冰箱保存即可。

③卡其伯沙拉（2份量）

黄瓜*……30g
番茄*……30g
红洋葱……30g
香菜（切末）……15g
盐……1/4小勺
柠檬汁……1/2大勺
红辣椒粉（粗粒）……少量

*：去籽后的黄瓜、番茄。

将黄瓜、番茄、红洋葱切成5mm见方的方块，再放入其他食材搅拌均匀。

④清炸蔬菜（1份量）

莲藕（切成半圆形片）……2片
青椒（纵向切开）……1个
茄子（切圆片）……2~3片
秋葵……2根
调味酱油……适量
米糠油……适量

1 在平底锅中倒入高约2cm的米糠油，烧热后放入蔬菜炸熟。
2 撒入调味酱油。

炒面三明治（介绍详见本书第59页）

②炒面（2份量）

A柠檬草（切末）……1/2根
香菜（切末）………适量
甜辣酱………………2大勺
越南鱼露……………2.5大勺
柠檬汁………………1又2/3大勺
细砂糖………………1大勺
炒面专用面…………1袋

1 将A中所列食材搅拌均匀。
2 在平底锅中倒入米糠油（材料表未列出・适量），待加热后放入面。不要翻动锅中的面，待一面煎至焦脆后翻面，另一面同样烤至焦脆。
3 将煎至焦脆的面倒入步骤1中调好的酱汁里。

在焦脆的炒面中加入放有香菜的酸甜辣口酱汁，搅拌均匀。

酸角金枪鱼蛋黄酱三明治（介绍详见本书第60页）

①酸角金枪鱼蛋黄酱（3份量）

金枪鱼………………120g
蛋黄酱………………50g
酸角糊………………40g
红洋葱（切末）……30g
香菜茎（切末）……20g
香菜籽………………5g
黑胡椒碎……………少许

将所有材料搅拌均匀。

②用越南鱼露酱汁腌制而成的红白萝卜丝

萝卜（切成较粗的丝）………100g
胡萝卜（切成较粗的丝）……50g
盐………………………………少于1小勺
A越南鱼露……………………2大勺
柠檬汁…………………………3大勺
细砂糖…………………………3大勺
水………………………………2大勺
大蒜（切末）…………………1/2小勺
新鲜红辣椒（切末）…………1/3根

1 在萝卜丝、胡萝卜丝上撒盐，静置15分钟。
2 将A中所列食材搅拌均匀，细砂糖需搅至溶化。
3 将撒过盐的萝卜丝、胡萝卜丝用水洗净，挤干水，放入步骤2中调制的酱汁里，腌制2~3小时以上。

③清炸泰国青柠叶

泰国青柠叶……适量
米糠油…………适量

1 沿着叶筋将泰国青柠叶对折，去除叶筋后撕成两半。
2 在平底锅中倒入高1~2cm的米糠油，将处理好的泰国青柠叶放入其中后开火加热。待叶子炸至酥脆后取出。

豆腐配番茄酱三明治（介绍详见本书第61页）

②柠檬草煎豆腐（2份量）

老豆腐………………1块（350g）
柠檬草（切末）……50g
盐……………………1/2小勺
米糠油………………适量

1 将老豆腐控干水，先用刀对半切开，再在豆腐中间拦腰横向平切一刀，将其切薄。然后，撒上柠檬草末和盐腌制30分钟。
2 在平底锅中倒入约2cm高的米糠油。加热后，擦干老豆腐表面的水，放入锅中炸至两面金黄。

③番茄酱烩蘑菇

核桃油…………适量
蘑菇[*1]…………300g
盐………………1小勺
番茄罐头[*2]……400g
A调味酱油……2小勺
细砂糖…………2小勺

*1：采用多种蘑菇，包括姬菇、杏鲍菇、金针菇、香菇。
*2：使用搅拌机将其打成泥。

1 在平底锅中加入核桃油，加热后放入各种蘑菇，加盐翻炒。
2 当炒出水分后，加入处理过的番茄罐头继续炖煮。
3 放入A中所列食材继续炖煮，直至汤汁变得浓稠即可。

④茗荷、芹菜、黄瓜泡菜

茗荷……………………适量
芹菜……………………适量
黄瓜……………………适量
A苹果醋………………200ml
水………………………200ml
细砂糖…………………5大勺
盐………………………2小勺
香菜籽…………………1/2大勺
柠檬草（切末）……3根

1 将茗荷、芹菜、黄瓜切成大块，焯水备用。
2 将A中所列食材倒入锅中煮沸，浇在焯过水的茗荷、芹菜、黄瓜上，腌制12小时以上。

安迪（ĂN ĐI）

主食材、酱汁、配菜，将三者的香气完美浓缩在一份越式三明治中

我的特色三明治　内藤千博

本店虽不销售越式三明治，但在举办活动和提供外卖服务时会偶尔制作。本人初次前往越南时，便觉得越式三明治是最美味的越南菜。轻盈的面包内从头到尾塞满了各种食材，食用时可以同时享受多种味道，当真是十分有趣。此外，我还发现每个店内的越式三明治都各不相同，于是我明白了：原来越式三明治可以夹“万物”，任何美味的食物都可以作为其内馅。

其实研发一款新越式三明治与研发一道菜的过程基本一致。我会发挥自己多年制作法餐的经验，按照香味搭配，依次确定主食材、酱汁、配菜、香料等。日本和越南一样，都是南北跨度长的国家，因此国内各地的饮食习惯也各不相同。此次所做的这些新越式三明治便是受此启发，将日本各地的地方菜肴与越式三明治融合在一起。在研发初期，我首先选出了北至北海道南至冲绳的各地地方菜肴，之后再一一分析每道菜肴的构成，确定哪些元素可以和越式三明治相融合。

我在越南时，每天都要吃两份以上的越式三明治，最后我得出了一个结论：美味的食物拥有各种味道、辣度、香气，而制作越式三明治就是要通过搭配使得各种食材达到味觉上的平衡。此外，醋拌萝卜丝、黄油、蛋黄酱等也不容忽视。我常使用泡菜等各种带有酸味的发酵食品代替醋拌萝卜丝，不断地创新越式三明治的口味。而且，我认为使用了发酵食物制作而成的越式三明治更能展现“安迪”的特色。

个人简介

内藤千博

从厨师学校毕业后，曾在西塔布里亚（CITABRIA）（西麻布店）就职，后跳槽到一家名为“沸腾”（L'Effervescence）的法国餐馆工作了8年，在最后的2年时间里一直担任副厨。2018年开始担任“安迪”的主厨。本人最喜欢的越式三明治食材是刚做好的煎蛋饼。

店铺信息

本店位于餐饮店聚集的小巷内，从银座线外苑前站步行约5分钟路程。酒侍大越基裕先生于2017年创立本店。本店是一家新潮越南餐馆，志在用日本食材及饮食文化展现越南菜的魅力。

地址：东京都涉谷区神宫前3-42-12

电话：03-6447-5447

营业时间：周六、周日12：00—13：30，平时18：00—23：00，每周一不营业

石狩锅风味三明治

此款三明治的主题是石狩锅。将鲑鱼做成鱼丸，再配上一些加入了椰汁的味噌酱汁。用白菜、洋葱做成泡菜，再搭配生茼蒿。最后，撒上一些树芽代替山椒，搭配一些越南人常用的莳萝。

⑥茼蒿、莳萝、树芽……各适量

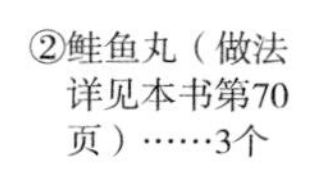

②鲑鱼丸（做法详见本书第70页）……3个

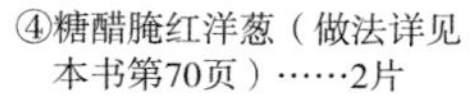

④糖醋腌红洋葱（做法详见本书第70页）……2片

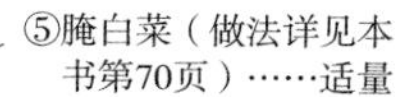

⑤腌白菜（做法详见本书第70页）……适量

①味噌椰子酱（做法详见本书第70页）……1大勺

③鱼露与黑糖做成的酱汁（做法详见本书第70页）……少许

柳川锅风味三明治

此款三明治的内馅采用了煮海鳗而非泥鳅，同时还搭配了一些水煮鹌鹑蛋、醋拌牛蒡和高良姜。此外，内馅中还加入了添加了焦糖与黄油的酸角糊糊，更添风情。

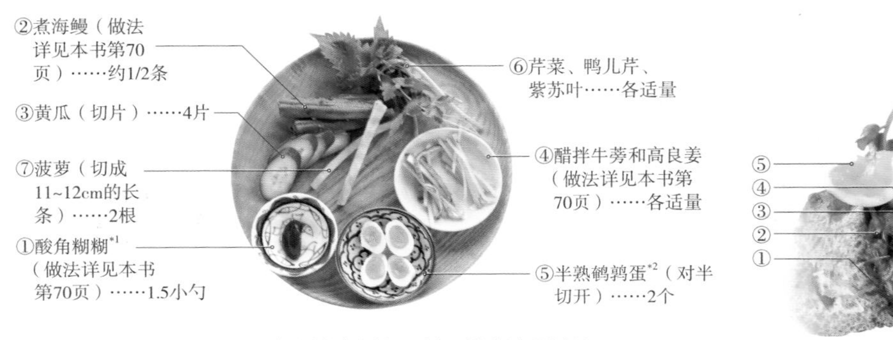

*1：糊糊是一种甜口的糊状蘸酱，一般多涂抹在煮海鳗、章鱼、蛤蜊等寿司食材上。

*2：从冰箱中取出鹌鹑蛋，放入沸水中煮2分15秒至半熟。

北陆腌渍组合三明治

用米糠腌制的青花鱼是日本北陆地区的特色菜肴。此款三明治中，不仅有米糠腌制的青花鱼，还搭配有米糠腌萝卜和米糠腌豆腐。同时，还搭配了两款添加了发酵调料的酱汁。而芒果的香甜、芝麻菜与红菜的苦涩，也进一步丰富了此款三明治的味道。

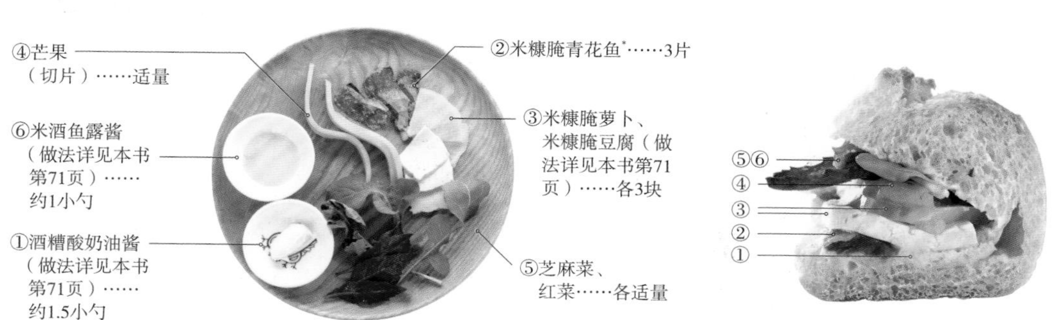

*：米糠腌青花鱼是把盐腌制过的青花鱼放入米糠中再次腌制而成。此等发酵类食品是日本福井县的特产。此款越式三明治中的米糠腌青花鱼，需要事先放在烧烤架上用炭火烤熟后备用。

马肉三明治

马肉三明治，顾名思义其内馅为马肉刺身，酱汁则选用了常见的调味料——大蒜制作而成。此款三明治的灵感源自熊本县的特色菜肴，故店主用自制酸甜口的芥末莲藕代替了醋拌萝卜丝。此外，店主在制作过程中还加入了熊本县的特产丑橘，为其增添了一丝香气及酸味。

*1：在马肉刺身上撒些盐调味。
*2：去除叶筋，切碎末。
*3：将苦藠切成薄片，炸至酥脆。

什锦苦瓜三明治

我曾在越南的路边吃到过一款极其好吃的煎蛋饼三明治，因此，我特意创造了此款什锦苦瓜三明治，想要人们都领略一番三明治的美味。取一些腌苦瓜，再摆上一些冲绳特色——岛薤及海蕴，便是此款三明治的内馅。

安迪（ĂN ĐI）

※如无特别标注分量，则皆是易于制作的量。

石狩锅风味三明治（介绍详见本书第65页）

①味噌椰子酱

椰奶………………100ml
白味噌……………25g
盐…………………适量

将椰奶煮沸，加入白味噌搅拌均匀，加盐调味即可。

④糖醋腌红洋葱（10人份）

红洋葱…………250g
腌菜汁
　水……………200ml
　米醋…………100ml
　细砂糖………100g

1 将红洋葱切成约1cm厚的弧形块。
2 将制作腌菜汁的材料混合好后加热煮沸。同时，另取一口锅，将处理好的洋葱放入水中煮沸，然后倒入漏勺中，控水后趁热倒入混合好的腌菜汁中。
3 关火，待冷却后放入冰箱腌制1~2小时以上。

②鲑鱼丸（6份量）

鲑鱼……………………300g
盐………………………6g
水淀粉*…………………100ml
A豆腐（控水后）………100g
　白味噌…………………20g
　鱼露……………………6ml
　芝麻油…………………适量
　生姜（擦成泥）………适量
　香菜茎（切末）………适量

*：取25g淀粉，用75g水溶化。

1 料理机中倒入鲑鱼和盐，绞成肉泥。启动料理机，边搅拌边分批倒入水淀粉。
2 将处理好的肉泥倒入碗内，加入A中所列食材。用工具将豆腐碾碎，并与肉泥搅拌均匀。捏成30g每个的鱼丸。
3 将鱼丸放入平底锅中煎熟后，再放炭火上略烤一会儿，使其增加一丝熏香。

③鱼露与黑糖做成的酱汁

鱼露………………40ml
水…………………80ml
黑糖………………36g
柑橘汁……………10ml
水淀粉*……………10ml

*：取25g淀粉，用50g水溶化。

1 锅中放鱼露、黑糖和水加热，黑糖溶化后放入水淀粉。
2 关火冷却后，倒入柑橘汁。

⑤腌白菜

有机白菜………适量
盐………………白菜重量的1.2%

白菜切好，撒上盐，用手将盐抹匀。将处理好的白菜放入消毒后的容器内，常温放置4~5天。出水后，每天给白菜翻两次面，直至所出的汁水淹没白菜。在容器口裹上保鲜膜，然后每日试尝一口，如果想要缩短腌制时间（或觉得味道不够浓郁），可以轻微搅拌白菜和腌制汁。

柳川锅风味三明治（介绍详见本书第66页）

①酸角糊糊

酸角糊块…………100g
水…………………200ml
A细砂糖…………50g
　蜂蜜……………20g
　浓口酱油………30ml
黄油………………30g

1 在锅中倒入水煮沸，放入切碎的酸角糊块，用中火炖煮一段时间，期间需要偶尔搅动一下，防止煳锅。
2 当酸角浮起来后关火，用筛子过滤，去除种子，再倒入A中食材搅拌均匀。
3 另取一口锅，放入黄油微微烧焦。随后倒入第2步的食材。

②煮海鳗（4份量）

鳗鱼*（破开处理后）……160g
A浓口酱油……………………25ml
　水……………………………100ml
　酒……………………………100ml
　黑糖…………………………30g
　盐……………………………适量
　干辣椒………………………1个

*：选中等大小。

1 在鳗鱼皮上浇热水，用刀去除黏液。
2 在锅中倒入A中食材，待煮沸且黑糖溶化后，放入处理过的鳗鱼。取一张烘焙纸盖在鳗鱼上。用中火保持锅中沸腾状态炖煮约30分钟，随后关火待汤汁冷却即可。

④醋拌牛蒡和高良姜（4份量）

牛蒡……………80g
高良姜*…………40g
腌菜汁（做法同左上）

*：高良姜是泰国、越南等地常见的姜类之一，比普通生姜味道更加浓郁。

1 分别将牛蒡、高良姜切丝。制作腌菜汁。
2 将加热后的腌菜汁一分为二。取一口锅，放入一份腌菜汁，再放入新鲜牛蒡炖煮约5分钟。取另一口锅倒入剩下的腌菜汁，放入高良姜炖煮至出汁。
3 待两锅分别关火冷却后，放入冰箱中腌制1~2小时以上。

北陆腌渍组合三明治（介绍详见本书第67页）

①酒糟酸奶油酱

酒糟…………25g
酸奶油………50g
盐……………少量

将所有食材搅拌均匀。

③米糠腌萝卜、米糠腌豆腐

萝卜………… 适量
老豆腐……… 适量
糠床………… 适量

1 将萝卜对半切开后放在糠床中腌制2~3日，然后取出切薄片。
2 将豆腐控水后放入糠床内腌制4日后取出，与表面附着的米糠一同放入冰箱中继续腌制4日。随后，洗去米糠，擦去表面水，切薄片。

⑥米酒鱼露酱

自制米酒*…………………………… 100ml
鱼露………………………………… 15ml
柑橘汁（用甘夏蜜柑榨汁）…… 10ml

*：取煮熟的大米300g、水300ml、米曲（寺田本家）100g，放入酸奶机中，保持55℃加热24小时。也可以用购买的米酒代替。

将米酒倒入搅拌机中，搅至无颗粒状。加入鱼露、柑橘汁搅拌均匀。如果米酒过甜，遮盖了酱汁的整体味道，则可加入适量的盐调味。

马肉三明治（介绍详见本书第68页）

①黑蒜酱

自制蛋黄酱 …………100g
　鸡蛋（大号）………1个
　色拉油………………120g
　盐……………………适量
黑蒜*…………………30g

*：未去皮的大蒜经高温发酵后便成了黑蒜。黑蒜整体黝黑，口感清甜。

1 制作自制蛋黄酱。取一个碗，打入整颗鸡蛋，用打蛋器将其打散，并分批加入色拉油。最后用盐调味。
2 将处理好的蛋黄酱倒入搅拌机中，再放入去皮的黑蒜，倒入适量的水，搅成糊状。

⑥自制芥末莲藕

莲藕………………………………适量
自制蛋黄酱（做法同左）………适量
芥末………………………………适量

1 将莲藕切成3mm厚的圆片，放入盐水（材料表未列出・适量）中断生后捞出。
2 在蛋黄酱中放入适量芥末，搅拌均匀。
3 将处理好的莲藕放在保鲜膜上，用刮刀将做好的酱料塞满莲藕孔。

什锦苦瓜三明治（介绍详见本书第69页）

①柚子胡椒酱

柑橘柚子胡椒*……………………20g
自制蛋黄酱（做法同上）………100g

*：取100g冲绳柑橘切碎，将果肉、种子、果皮都放入料理机中。再放入25g新鲜青辣椒，搅至糊状。随后，加入冲绳柑橘与新鲜青辣椒混合物总重量20%的盐，搅拌均匀。放入存储容器内，常温发酵1周以上。

将所有食材混合在一起。

④小番茄干

小番茄、盐……各适量

将小番茄横向切成两半，在切面上撒盐。放入预热至120℃的烤箱内烘烤1.5~2小时。

②煎蛋饼（1份量）

鸡蛋………………………………2个
盐、细砂糖、色拉油………各适量

将鸡蛋打散，加入盐和少量的细砂糖。在锅中倒入色拉油和蛋液，做成松软的鸡蛋饼。

⑥腌岛薤（1份量）

岛薤………………………约20g（约2个）
腌菜汁（做法同本书第70页）………………适量

除去岛薤表面的硬皮，与腌苦瓜做法相同（见上），过水断生后放入腌菜汁中腌制。

③腌苦瓜（1份量）

苦瓜………………………… 约20g
腌菜汁（做法同本书第70页）…………………… 适量

1 去除苦瓜囊，切成3mm厚的圆片，放入盐水（材料表未列出・适量）中煮至断生后，倒入漏勺中控水。
2 趁热将控水后的苦瓜放入刚做好的热腌菜汁中腌制。关火，待冷却后放入冰箱中腌制1~2小时以上。

千织便当店（CHIOBEN）

放置一段时间仍然美味如初，别出心裁的搭配带来别样感受

我的特色三明治　山本千织

在越南时，我发现有人将小吃及下酒菜作为内馅做成了越式三明治。于是，我便想要研发出以便当中常见小吃、外卖小吃为内馅的越式三明治。

研发初期，首要决定的便是内馅中的主要食材。我从最受欢迎的便当中挑选出了黑醋鸡（加了黑醋的酸甜口炖鸡）、香菜配鲜虾刺身等几种符合亚洲人口味的食材。接着，我们需要决定使用何种酱料。在越南，一般人们会搭配满满的人造黄油或者没有酸味的蛋黄酱。在我看来，这些酱料是将各种口感与口味、各种食材与面包融合在一起的关键。而且，这些酱料还可以防止面包吸收食材中的汤汁。例如，在越式黑醋鸡三明治中，我使用了生奶油来搭配煮至软烂的黑醋鸡。对于我来说，决定使用何种酱料是研发一道菜肴的关键所在。此外，便当菜本身就凝聚了人们的各种巧思以防止汤汁溢出，而这一特点也使得其十分适合做成越式三明治的内馅。

醋拌萝卜丝也是制作越式三明治时常用的食材。受此启发，我们也想在越式三明治中加入一些有嚼劲的食材，加深人们的印象。于是现在，我们会根据内馅主要食材的不同，搭配一些口感香脆的食材，例如：做成薯片状的炸猪肉、醋腌黑萝卜等。此外，本店还会从色、香、味出发，保证每份越式三明治的品质，即便放置一段时间仍然美味如初，与此同时那些别出心裁的搭配又能给人以别样的感受。

个人简介

山本千织

美大毕业后，在札幌销售套餐的餐饮店内工作了4年。随后，与妹妹合伙开了一家“米饭屋 春屋”。在经营12年后，只身前往东京。2011年起，租用了一家酒馆作为店铺开始销售便当，深受人们的喜爱。本人最喜欢的越式三明治食材是裹着柠檬草的炸豆腐。

春卷双拼三明治

春卷是干织便当中不可缺少的小吃。本店最受欢迎的是一款野餐风便当，小小的便当盒内放入了豆苗竹轮、生火腿梨罗勒两种口味的春卷和小块奶油面包。而糖醋腌黑萝卜与盐渍紫白菜，不仅给这款便当增添了一丝色彩，也丰富了其口感及味道。

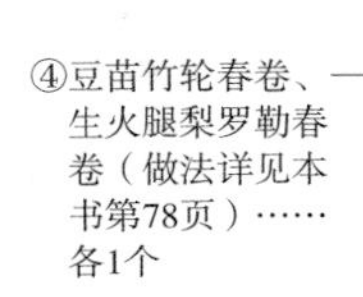

④豆苗竹轮春卷、生火腿梨罗勒春卷（做法详见本书第78页）……各1个

②盐渍紫白菜（做法详见本书第78页）……适量

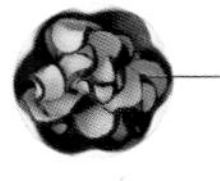

①沙嗲酱油（做法详见本书第78页）……适量

③糖醋腌黑萝卜（做法详见本书第78页）……适量

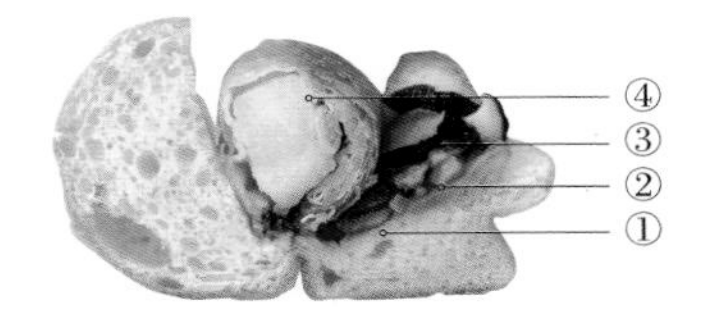

黑醋鸡与同款风味肉酱配胡萝卜沙拉香菜三明治

用甜口黑醋炖煮而成的“黑醋鸡”是千织便当的常见食材。此款越式三明治使用的是口感偏硬的法棍面包，内搭黑醋鸡及带着孜然香的胡萝卜沙拉。再配上用黑醋鸡、生奶油做成的黑醋鸡肉酱，恰好平衡了各类食材的味道。

萝卜干胡萝卜沙拉配炸年糕蘸虾酱三明治

香脆的萝卜干搭配色彩艳丽的胡萝卜，做成泰式沙拉。随后，将炸至焦脆的年糕裹上鲜美的虾酱，与沙拉一同放入松软的面包内。

④萝卜干胡萝卜沙拉（做法详见本书第79页）……适量

③中等大小的番茄（切薄片）……约1个

②苦瓜（切成半圆片）……5~6片

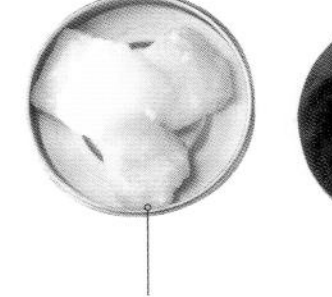

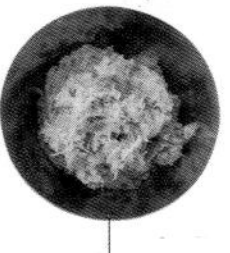

①炸年糕蘸虾酱（做法详见本书第79页）……1块年糕

④
③
②
①

黑芝麻调味南瓜配香脆猪肉三明治

此款三明治使用的是7cm大小的切片面包。炸至酥软的南瓜，搭配含有生姜、质地柔软的黑芝麻糊，口感极佳。再加上香脆的猪肉片，多重口感在口中炸裂。

香菜酱鲜虾刺身配晚白柚三明治

将鲜虾刺身裹满用香菜茎与香菜种做成的酱汁，再配以晚白柚的果肉。此款是即食型三明治，它的灵感来源于虾类菜肴和柚子沙拉。

千织便当店（CHIOBEN）

※如无特别标注分量，则皆是易于制作的量。

春卷双拼三明治（介绍详见本书第73页）

①沙嗲酱油

柠檬草（切末）……1小勺
米糠油……1大勺
辣油……1小勺

将所有食材混合均匀。

②盐渍紫白菜

紫白菜*、盐……各适量

*：紫白菜是白菜的品种之一，其特点是菜叶呈现紫色。因其口感较为绵软，适合生吃。

将紫白菜切丝，撒上盐。待出水后轻轻挤干。

③糖醋腌黑萝卜

黑萝卜*……适量
甜醋……适量
　甜料酒……50ml
　白砂糖……1/2大勺
　米醋……1大勺
　盐……少量

*：黑萝卜即外皮为黑色、内里为白色的萝卜。此种萝卜较硬，有一定辣味。

1 制作甜醋。在锅中倒入甜料酒和白砂糖，开火煮至水量剩一半时关火，冷却后倒入米醋和盐，搅拌均匀。
2 将黑萝卜切成圆柱状，放入100℃的水中煮15分钟，煮的过程中需要不时给黑萝卜翻面。
3 将处理好的黑萝卜放入甜醋中腌制2~3小时。使用时需沥干水。

④豆苗竹轮春卷、生火腿梨罗勒春卷（2份量）

小春卷皮……4张
豆苗……20g
竹轮……1/2根
姜（切末）……1片
盐……适量
生火腿（切成一口大小）……12g（约2片）
梨（切成一口大小）……1/16个
罗勒叶……4g（2~3片）

1 制作豆苗竹轮春卷。将豆苗切成合适的长度，竹轮切丝。与生姜搅拌均匀后，放入盐略微调味。
2 取1片春卷皮，将步骤1中的食材包裹起来，在春卷皮的两端涂抹水后封口。随后，用一只手轻握春卷，再取一张春卷皮将其包裹起来。
3 制作生火腿梨罗勒春卷。取1张春卷皮，放入一些梨，再叠放一些生火腿。取一些罗勒叶，撕碎后撒在春卷皮上。随后用步骤2的方法包起来。
4 春卷包好后，立刻下入180℃的油（材料表未列出・适量）中炸至金黄色出锅。

黑醋鸡与同款风味肉酱配胡萝卜沙拉香菜三明治

（介绍详见本书第74页）

①黑醋鸡肉酱

黑醋鸡（做法同右）……100g
生奶油……4大勺

将黑醋鸡放入料理机中打成糊状，再加入生奶油继续搅拌。

②黑醋鸡

鸡腿肉……2个小号鸡腿（500g）
A白砂糖……8大勺
　黑醋……120ml
　米醋……60ml
　浓口酱油……30ml
　大蒜（纵向对半切开）……2瓣
　大葱叶……1根

鸡腿肉去皮，将每个鸡腿切成5~6等份。取一个质地较厚的锅，放入A中所列食材与处理好的鸡肉，开大火加热。煮沸后转小火，炖煮1小时收汁。如果不满1小时，锅中水分已快熬干，可加入适量的水继续炖煮。

③胡萝卜沙拉

甜醋（做法同上）……适量
胡萝卜……适量
紫胡萝卜……适量
孜然粉……少量

1 用擦丝器将胡萝卜、紫胡萝卜擦成丝，按照7：1的比例搭配好。
2 在甜醋中加入孜然粉，再放入配好的胡萝卜腌制3小时以上。

萝卜干胡萝卜沙拉配炸年糕蘸虾酱三明治（介绍详见本书第75页）

①炸年糕蘸虾酱（1份量）

年糕……………………………………1块
虾酱……………………………………2大勺
- 大蒜（切末）…………………………50g
- 生姜（切末）…………………………50g
- 干虾*…………………………………100g
- 大葱（切末）…………………………200g
- 意式小香肠（或俄式小香肠）………150g
- 煮熟的贝类……………………………500g
- 芝麻油…………………………………50ml

*：将干虾放入200ml热水中，泡发后捞出切碎。泡发时使用的热水留下备用。

1 制作虾酱。取一口锅，倒入适量米糠油（材料表未列出・适量），将蒜末、姜末炒香后，依照上述顺序依次倒入除芝麻油以外的食材，翻炒片刻。随后，倒入泡发时使用的热水，炖煮片刻。最后，将炖煮好的食材与芝麻油一同倒入料理机中搅至糊状。
2 将年糕切成4等份，放入140~150℃的油锅中炸熟。
3 将炸好的年糕裹上虾酱。

④萝卜干胡萝卜沙拉

A新鲜红辣椒……………1根
- 棕榈糖……………………1大勺
- 柠檬汁……………………1.5大勺
- 泰国鱼露…………………1大勺
- 香菜………………………适量

胡萝卜……………………70g
萝卜干*1…………………20g
干虾*2……………………1大勺
腰果碎……………………2大勺
蒜（切末）………………1瓣

*1：放水中泡发后，挤干水。
*2：放水中泡发后，切末。

1 在碾钵（如果有条件，可以使用泰国本土产的碾钵）中加入A中所列食材，用杵捣碎并搅拌均匀。
2 将胡萝卜切丝，与萝卜干混合在一起。加入步骤1中搅拌好的食材揉匀，再放入剩余食材搅拌均匀。腌制45分钟以上。

黑芝麻调味南瓜配香脆猪肉三明治（介绍详见本书第76页）

②黑芝麻调味南瓜

南瓜………………适量
黑芝麻糊…………适量
- 黄油……………30g
- 生姜……………30g
- 白砂糖…………2小勺
- 生奶油…………100ml
- 蚝油……………2小勺
- 黑芝麻酱………2小勺
- 柠檬汁…………1小勺

1 将带皮南瓜切成5mm厚的块。
2 制作黑芝麻糊。取一口锅，放入黄油，化开后放入生姜炒香。放入白砂糖继续翻炒，当锅中呈焦糖状时加入生奶油。煮沸后依次放入蚝油和黑芝麻酱，搅拌均匀。
3 将处理好的带皮南瓜放入150~160℃的油锅（材料表未列出・适量）中炸至酥脆，再裹上黑芝麻糊。

③香脆猪肉（1份量）

涮锅专用猪肩里脊……6片
泰国鱼露、柠檬汁……各适量

1 在猪肉上裹满淀粉（材料表未列出・适量），放入170℃的油锅（材料表未列出・适量）中炸至酥脆。
2 沥干油后，撒上一些泰国鱼露和柠檬汁。

香菜酱鲜虾刺身配晚白柚三明治（介绍详见本书第77页）

①香菜酱鲜虾刺身（1份量）

香菜酱………………………………2~3大勺
- 香菜茎（切末）……………………80g
- 香菜籽………………………………1.5大勺
- 腌大芥菜（切末）…………………80g
- 米糠油………………………………约2.5杯
- 泰国鱼露……………………………2大勺

刺身用牡丹虾………………………4~5只

1 制作香菜酱。在料理机中放入香菜茎和香菜籽，搅至碎末状后加入腌大芥菜末，一同搅碎。搅拌过程中，少量多次加入一些米糠油，当搅至糊状后加入泰国鱼露，搅拌均匀。
2 在牡丹虾上裹满香菜酱。

江古田小店
（PARLOR江古田）

筋道法棍与口感强劲的食材之间的碰撞

我的特色三明治　原田浩次

我第一次制作越式三明治的契机，正是应足立女士（本书主编）的邀请参加活动的时候，当时做的是沙丁鱼土豆三明治（右页）。

我曾听说，制作越式三明治时使用柔软、品质中等的面包比较好。但我却不以为然，想必上述做法怎么也无法胜过用上等面包和食材做出的越式三明治。我制作越式三明治时所使用的是加入了自制葡萄干酵母粉制成的小型法棍。这种法棍皮较厚，刚咬下去时十分酥脆，入口咀嚼一番后逐渐柔软，淀粉随着咀嚼在口中转化为糖，渐渐沁出一丝甜意。

因为这种法棍比较筋道，所以我一般会搭配一些有嚼劲的食材，或是将法棍切的厚些，以此来调整三明治的口感。在我看来，越式三明治的特点就是面包中夹杂着多种味道、口感、香气。这次介绍的五款越式三明治，正是本店为充分展示越式三明治的这一特性而研制的。

研制时考虑的重点是越南与“江古田小店（PARLOR江古田）”之间的连接。例如：店内销售的开放式三明治中有着各种越南香草；与本店店名有所渊源的鲜猪肉是冲绳、越南等地的特产；从持续性的角度出发，食材上我选择了越南产的虾；店内多数的红酒产自意大利与越南；日本、越南两国人民都常吃烤沙丁鱼，等等。我将这些元素组合在一起，便研制出了极具个人特色的越式三明治。

个人简介

原田浩次

大学毕业后，曾当过白领，也曾在“佐普夫（ZOPF）”（千叶店·松户店）工作过。2006年，创立了本店。2011年，在小竹向原的一家幼儿园内开设了一家面包咖啡店“街边小店”。本人比较喜欢能突显新鲜调料清爽之感的越式三明治。

店铺信息

从西武池袋线江古田站步行6分钟。2015年起，本店搬入了这个远离商业街的安静之地。本店所出售的四十余种面包均采用自制酵母及日产小麦面粉制作而成。店铺整体呈现咖啡店风格，店内设有4个吧台席、8个桌席。

地址：东京都练马区荣町41-7
电话：03-6324-7127
营业时间：8：30—18：00，每周五不营业（节假日营业，但会有补休）

沙丁鱼土豆三明治

香气四溢的嫩煎沙丁鱼是此款三明治的主要食材。低温培育的土豆绵密、香甜，再淋上一些日本鱼露，当真是美味无比。金橘皮的苦涩、香气、酸味，再加上薄荷与莳萝的清香，丰富了此款三明治的口感，咬一口，令人满口清新。

虾仁配凉拌胡萝卜三明治

此款三明治的主角是有机鲜虾，再搭配一些由越南醋拌菜改良而来的凉拌胡萝卜。为了让食客品尝到凉拌胡萝卜清脆的口感，本店特意切成厚片，而胡萝卜中盐与醋的完美融合，又给人以清新之感。最后再配以香菜和日本鱼露做成的酱汁，将所有食材紧密相连。

柠檬草萨拉米香肠配水芹三明治

萨拉米香肠是意大利香肠的一种。它的形态多样，不仅有用肠衣制成的传统样式，也有做成肉丸状的新颖样式。在香肠中加入柠檬草，给其增添一丝风味，最后再配以日本鱼露。水芹的苦涩，加上开心果的香脆，使此款三明治口感更加丰富。

牛肉茼蒿煎蛋三明治

牛肉用咸甜口的酱汁腌制一段时间，再煎炒。茼蒿采用清炒的方式，再配以腰果，增添香脆之感。煎蛋的蛋黄黏稠、蛋白边缘焦脆，配以鱼露的芳香。此款三明治的灵感来源于日式牛肉火锅。

香脆腊肉三明治

在越南，烤至香脆的腊肉是三明治的常见食材。本店从冲绳菜肴中获得灵感，在此款三明治中加入了醋腌青木瓜。而腊肉则佐以日本鱼露和意大利红酒调味，再配上各种香料。

③薄荷、小葱、马鞭草、莳萝……各适量

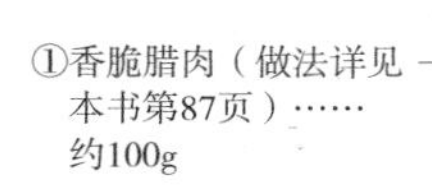

①香脆腊肉（做法详见本书第87页）……约100g

④黑胡椒粒（对半切开）……适量

⑤粗粒腰果碎……适量

②青木瓜丝（做法详见本书第87页）……适量

江古田小店（PARLOR江古田）

※如无特别标注分量，则皆是易于制作的量。

沙丁鱼土豆三明治（介绍详见本书第81页）

①烤土豆

小号土豆*……………… 1个
橄榄油、鱼露………… 各适量

*：使用通过12个月低温培育的土豆“印加的觉醒”。

将土豆切成1cm厚的块状，在平底锅中倒入橄榄油，油热后放入土豆煎烤至两面金黄，最后撒上鱼露即可。

②嫩煎沙丁鱼

沙丁鱼 …………… 1条
盐、橄榄油 ……… 各适量

1 将沙丁鱼处理后分成三份，在两面薄薄地撒上一层盐，静置约20分钟。然后，擦去表面的水。
2 取一口平底锅，中火加热后倒入一层橄榄油，将处理好的沙丁鱼带皮的一面朝下放入锅中，依次将两面煎至金黄色。

虾仁配凉拌胡萝卜三明治（介绍详见本书第82页）

①凉拌胡萝卜

胡萝卜 …………适量
盐、米醋………各适量

1 将带皮的胡萝卜切成1~1.5cm厚的圆片，再切成四等份。撒上盐，静置片刻。
2 挤干水，放入米醋中腌制2小时以上。

③香菜莎莎酱

香菜……………………………… 200g
佩科里诺干酪（刨碎）…… 40g
腰果……………………………… 40g
鱼露（同上）………………… 20ml
特级初榨橄榄油 …………… 约120ml
米醋……………………………… 100ml

将所有食材放入料理机中搅拌成糊状。酱料的柔软程度可通过改变倒入的橄榄油量自行调整。

柠檬草萨拉米香肠配水芹三明治（介绍详见本书第83页）

②柠檬草萨拉米香肠（7~8份量）

猪肉…………………… 500g
柠檬草（切末）…… 3根
鱼露（同上）……… 10ml
橄榄油 ……………… 适量

1 用刀将整块猪肉剁成较大颗粒的肉泥，加入柠檬草和鱼露搅拌均匀。用保鲜膜密封后放入冰箱腌制10小时以上。
2 将处理好的肉泥捏成每个约35g的肉丸。
3 在平底锅中涂上一些橄榄油，开中火加热后放入肉丸煎至两面金黄。

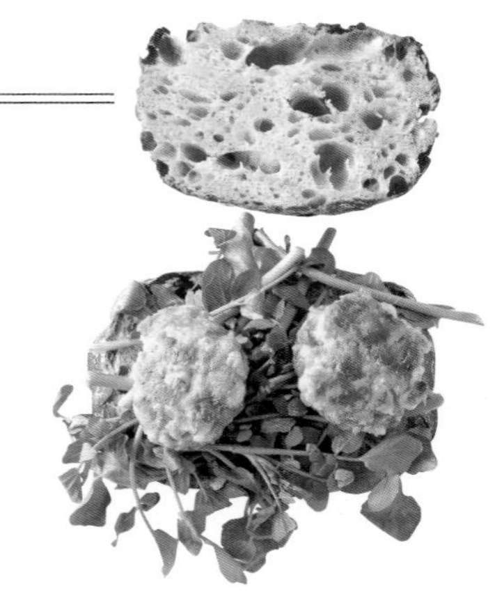

牛肉茼蒿煎蛋三明治（介绍详见本书第84页）

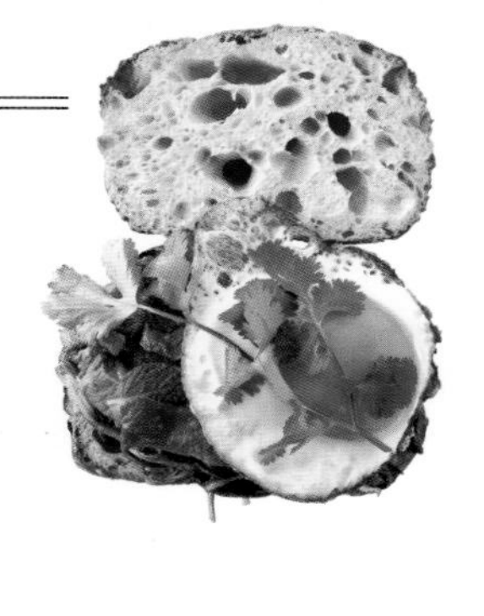

①炒茼蒿配粗粒腰果碎

茼蒿 ………………… 3~4小棵
橄榄油 …………… 适量
粗粒腰果碎 ……. 适量

1 取一口平底锅，在锅内涂上一些橄榄油，开火加热后放入茼蒿迅速炒熟。
2 加入粗粒腰果碎调味。

②炒牛肉

牛肉（依个人喜好选择部位）…… 100g
A 鱼露（同左）…………………………5ml
　蚝油 ……………………………………20ml
　水 ………………………………………10ml
　白砂糖 …………………………………10g
大蒜（切末）……………………………1瓣
橄榄油 ……………………………………适量

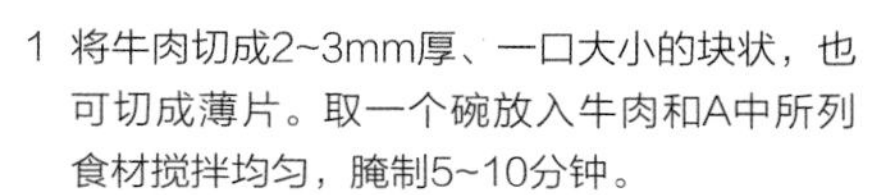

1 将牛肉切成2~3mm厚、一口大小的块状，也可切成薄片。取一个碗放入牛肉和A中所列食材搅拌均匀，腌制5~10分钟。
2 取一口平底锅，放入大蒜、橄榄油，开中火炒香蒜末后加入腌制好的牛肉迅速炒熟。

香脆腊肉三明治（介绍详见本书第85页）

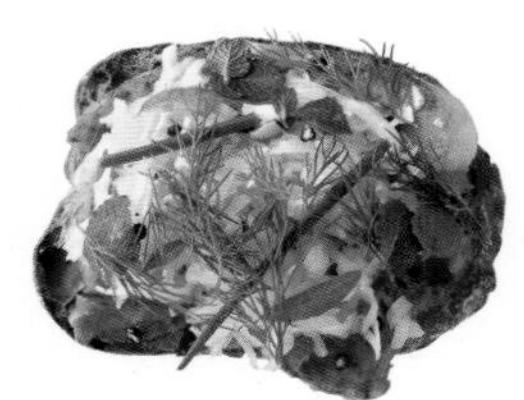

①香脆腊肉

整块猪肩里脊肉 ……. 适量
盐 ………………………… 适量
鱼露（同左）………… 适量
维奇奥葡萄酒“VECCHIO SAMPERI”（马克・巴托丽“MARCO DE BARTOLI”）*………. 适量

1 在猪肩里脊肉上涂抹大量的盐，用保鲜膜密封后放冰箱腌制1周以上。
2 用流动的水冲洗腌好的猪肉，将盐洗净，放入水中炖煮约50分钟。将炖煮好的猪肉切成约5mm厚的块状。
3 取一口平底锅，在锅中涂上一层薄薄的橄榄油，开中火加热。放入猪肉块依次煎至两面酥脆，淋上鱼露，倒入维奇奥葡萄酒并将其点燃。

②青木瓜丝

青木瓜 ………. 适量
盐、米醋 ……. 各适量

1 将青木瓜去皮、去子，用擦丝器擦成丝。撒上盐后搅拌均匀，静置片刻。
2 挤干水，放入米醋中腌制3~4小时以上。

*：维奇奥葡萄酒产自意大利西西里岛马沙拉。当地还有一款特产——以地名命名的强化酒马沙拉葡萄酒。维奇奥葡萄酒的酿造工艺与马沙拉葡萄酒相同。且两者皆未添加任何酒精、葡萄汁。此种工艺酿成的葡萄酒酒精含量较高，口感偏辣且带酸味。

银座岩鱼（银座ROCKFISH）

所谓“压扁的三明治吃法”乃本店的研发理念

我的特色三明治　间口一就

受本书的监修足立女士所托，本店首次设计了与越式三明治相关的菜谱。提及越式三明治，人们首先想到的就是法棍面包。然而，用法棍面包制作的三明治其实很难再发生更多的改变。如果是枕头面包，就可以有各种各样的变化，例如：我们可以决定是否去除面包边，是否要做成吐司，还可以选择面包的切法等。然而，法棍面包却过于单调，它一直呈现着同样的外观。于是，本人决定从此方面着手，在法棍面包外观上下足功夫，尝试创造出多种新式越式三明治。

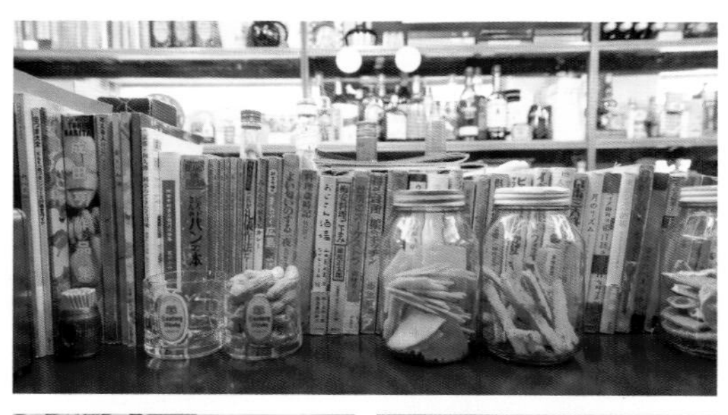

虽然法棍面包不如枕头面包那般“百变”，但我仍思索着有何改变之法。这时，我想到何不从越式三明治的最大特点着手。于是，“压扁”这一方法也就出现在了我的脑海里。越式三明治的最大特点就是使用皮薄膨松的越式法棍面包。此种面包轻盈柔软，即便将其外表压扁后食用也毫无压力。也正因如此，即使在越式三明治中放入大量食材，人们依旧可以轻松享用。我从它的这一特性中获得灵感，决定将放入了食材的法棍面包压扁，以此来展现越式三明治的独特之处。本次已研发的5款越式三明治中，有3款皆采用了这一方法，即将夹着食材的越式三明治放入华夫饼机中压扁烘烤而成。

接着，与平时研发下酒菜相同，我有意选择一些简单却又意外的搭配组合进行尝试，例如：大福配芝士，法棍面包内夹咖喱面包等。同时，为了综合食材的口味，我还会使用奶油芝士、香蕉之类的食材。

个人简介

间口一就

2000年，在日本大阪北滨开设一家名为“岩鱼”的餐饮店。2002年在银座开设分店。店内不加冰的威士忌苏打、简约又极具创意的下酒菜深受人们的喜爱。本人是威士忌苏打、罐装下酒菜热潮的引领者，最喜欢的越式三明治食材是和牛与油豆腐。

店铺信息

位于酒吧圣地——银座，提及威士忌苏打，本店属于位列前茅的名店。2018年搬迁至银座区域内，搬迁后的装潢与之前基本一致，照旧为客人提供舒心的服务。

地址：东京都中央区银座7-3-13新银座大厦1号馆7楼
电话：03-5537-6900
营业时间：周一至周五15：00—22：30，周六、周日及节假日13：00—18：00，全年无休
官网：http://maguchikazunari.jp

大福芝士三明治

在法棍面包中放入大福饼和易融化的芝士，再放入华夫饼机中压制成型。加热之后，融化的大福饼与芝士从切口处流出，看上去十分诱人。大福饼的香甜配上芝士的咸味，竟无半分不妥，此款三明治可谓是小吃的不二之选。

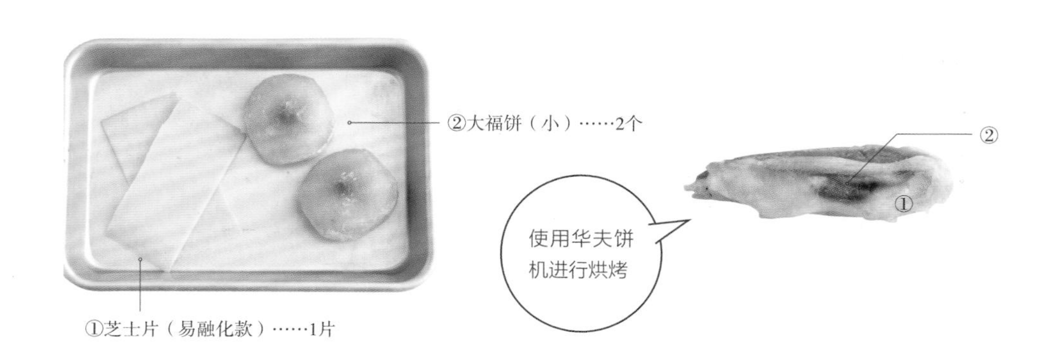

烤咖喱三明治

将夹着咖喱面包的法棍面包放入华夫饼机中压扁烘烤，这样的制作方法创意十足。使用华夫饼机将所有食材压扁后，原本炙热酥脆的咖喱面包摇身一变成为了三明治的内馅。此外，内馅中还有少许的芥末粒，虽不起眼，却也提升了整体的口味。

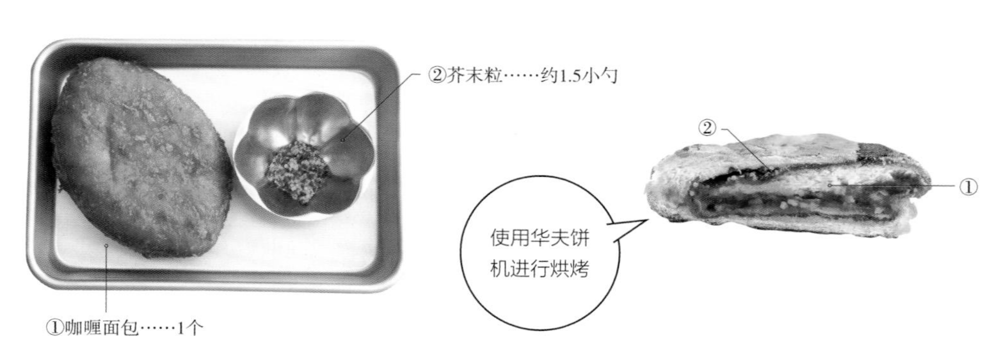

杂鱼多士三明治

越南也有用面包夹着虾泥放入油锅中炸熟的食物，这类食物在中国香港叫作虾多士，在日本长崎市也有一道名为虾多士的特色菜肴。我从此获得灵感，将我故乡爱媛县的特产“杂鱼”放入三明治中，做成杂鱼多士三明治。

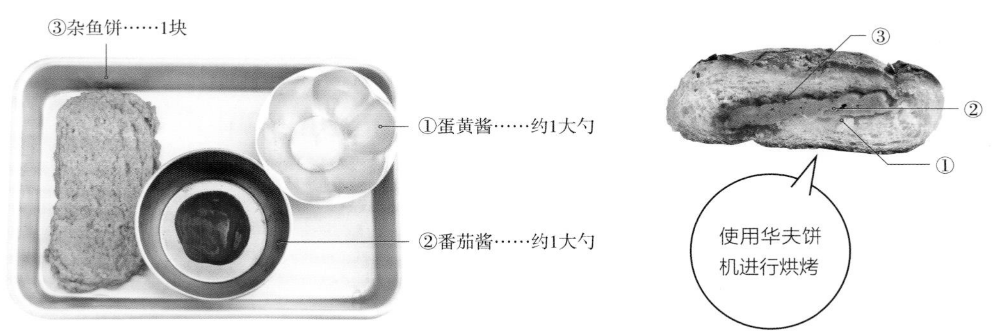

拍香蕉角瓜三明治

将拍打过的香蕉与奈良腌角瓜、切片芝士一同搅拌，随后装入法棍中，便做好了这款法棍中夹着小吃的三明治。绵软香甜的香蕉与奈良腌菜恰好综合了芝士的咸味。此款三明治的创作灵感来自日本的“拍香蕉特卖”。（注：日语中的“卖”一词与中文的“瓜”同音。“拍香蕉特卖”是指大正时期，商人为了处理即将要坏的香蕉而采用独特的说辞在路边销售香蕉，进而形成的一种销售方式。）

①奈良腌角瓜、香蕉、芝士*……各适量

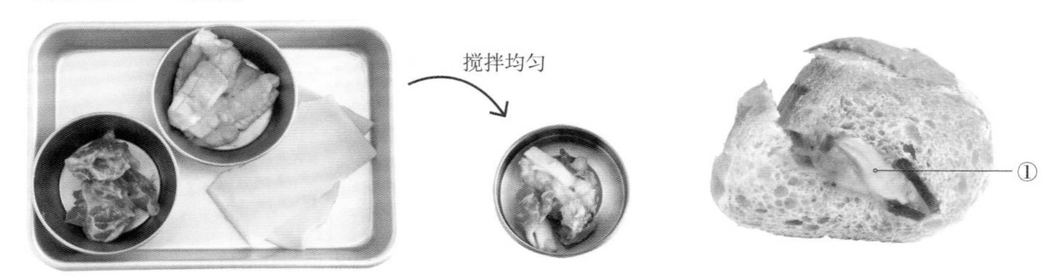

*：取30g奈良腌角瓜，切成方便食用的大小。取去皮香蕉50g，用菜刀轻轻拍烂。取一片切片芝士，切成方便食用的大小。将上述食材搅拌在一起。

什锦咸菜配马斯卡普尼芝士三明治

在马斯卡普尼芝士中放入什锦咸菜搅拌均匀，再放入法棍面包中，便做好了此款新式三明治。什锦咸菜的酸味、芝士的绵柔口感，两者口味虽不相同，但它们同为发酵食品，放在一起竟也十分合适。

鲑鱼罐头配香辣酱三明治

将水煮鲑鱼罐头和中国调料混合搅拌，再一同放入法棍面包中做成此款三明治。此外，内馅中还加入了一些配料，选用的是西芹叶而非常见的香菜。如此一来，食客在品尝之初，一股似曾相识之感涌上心头，随后又在某一瞬间发现其中的不同，于是为了一探究竟开始不停地品尝起来。

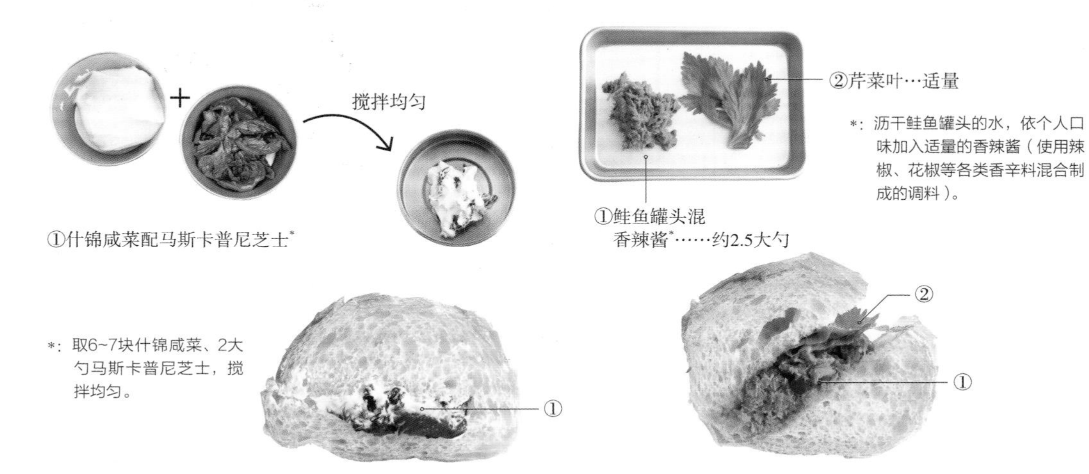

*：取6~7块什锦咸菜、2大勺马斯卡普尼芝士，搅拌均匀。

*：沥干鲑鱼罐头的水，依个人口味加入适量的香辣酱（使用辣椒、花椒等各类香辛料混合制成的调料）。

专题　中南半岛和用法棍面包做成的三明治

足立由美子

在柬埔寨、老挝也有用法棍面包做成的三明治

越南位于中南半岛，其实除了越南，在这里还有一些其他国家也有用法棍面包做三明治的习惯。

这就是柬埔寨和老挝。他们和越南一样，也曾是法国的殖民地。在殖民时期，法国人将法棍面包、肉酱三明治等面包文化带到了当地。随后，这种面包文化在当地传播开来，于是人们不仅会在三明治内放入肉酱，还会放入各种食材，也会用面包搭配菜肴一同食用。这两国的人民如今依旧与越南人民一样，保留着食用肉酱三明治的习惯，只是两国的叫法各不相同罢了，在柬埔寨叫作“努旁帕特（NUM PANG PATE）”，而在老挝叫作“卡欧奇帕特（KAO TI PATE）”。

柬埔寨、老挝的肉类三明治

“努旁帕特（NUM PANG PATE）”的“努”指的是小菜、小吃，“旁”指的是法棍面包，“帕特”指的是火腿、香肠、肉酱类的总称。面包会采用比越南还要长的粗法棍面包，内馅与越南较为相似。但柬埔寨的人们会在切面涂满甜口黄油，并在切口连接处涂上一些肉味噌。此外，柬埔寨当地也有将各种食材、法棍面包盛于盘上以供客人自行搭配的吃法。

在老挝，“卡欧奇帕特（KAO TI PATE）”中的“卡欧”原本指代大米，但此处指代的是小麦。“奇”指的是用火烤过的东西，所以“卡欧奇”就指代面包。“帕特”与越南、柬埔寨相同，都源自法语的“肉酱”一词。

老挝的三明治其特点是会在其中放入多种食材，其中包括但不限于肝肉酱、肉味噌、黄瓜、小葱、香菜等各类蔬菜及调味料、煎蛋等。在越南，一般是购买后店员才会开始制作，但是在老挝一般销售的是早就事先做好并装袋的三明治。

与越式三明治很是相似的三明治

在越南，有一款搭配法棍面包食用的炖牛肉，名为“博科（BO KHO）”。而在柬埔寨，也有同样的菜肴，其名为“努旁科（NUM PANG KHO）”。此外，在越南有一款用圆形小面包夹着冰激凌的小吃“越式科普克姆三明治”，而在柬埔寨则有一款用法棍面包夹着椰子、草莓味冰激凌的菜肴名为“努旁伽拉姆（NUM PANG GARAM）”。

此外，在老挝有许多越南人经营的越式三明治专卖店，店内售有各种越南风味三明治，如以烧卖（越南肉丸）为内馅的越式三明治等。而在老挝南部，有出售以肉味噌为内馅的三明治。面包的中间放满了带着汤汁的肉味噌，面包饱吸汤汁，咬上去就像肉包。提及这，我就想到在越南中部达拉特吃过的越式烧卖三明治。当地人会随三明治附赠一碗蒸烧卖的汤，客人可以用越式三明治蘸着汤一同食用。虽然，这两种吃法不尽相同，一种是夹着吃，一种是蘸着吃，但其本质都是令面包吸收汤汁，故从风格上来说，可谓极其相似。

关于柬埔寨三明治

在柬埔寨，除去“努旁帕特（NUM PANG PATE）”，最近还十分流行一款名为“努旁达赛依（NUM PANG DASSAI）”的三明治。“达赛依”指将肉放入其中的意思。每家店所放的肉类品种繁多且各不相同，例如：有烤腌猪肉、肉丸、烤牛肉串等。此款三明治所使用的面包比“努旁帕特（NUM PANG PATE）”的要小，长度为15~20cm。

听说最近当地还销售一款油炸三明治，即用上述的小法棍面包夹着肉丸放入油锅中煎炸而成的三明治。

饮食文化与历史之间的渊源

法棍面包三明治原本是法国的特色食物。但随着时间的推移，各国早已将其改良成不同风格的三明治。如今，三明治的变化仍在继续，各国之间的影响也从未停止。

（左上）老挝的“卡欧奇帕特（KAO TI PATE）”。里面加入了多种食材。（右上）在老挝有一款三明治是用面包夹着满是汤汁的肉味噌。（下）在柬埔寨，有餐厅会将各种食材、法棍面包盛于盘上，以供客人自行搭配。

采访助理／伊藤 忍（**アンコム**）、横须贺爱（**オークンツアー**）、长泽惠（**ティッチャイタイフード**）

材料介绍

调味酱油

以大豆为原材料制成的酱油。制作过程中添加了白砂糖与增香调味料，成品口感微甜、质地浓稠。若买不到越南产调味酱油，可用泰国产调味酱油（如图）代替。

辣椒酱

将辣椒与大蒜煮至糊状，加入调味料制成的辛辣口辣椒酱。既可加入面汤中，也可作为蘸料使用。如果无法买到越南产辣椒酱，可用泰国产辣椒酱代替。

越南鱼露

将鳀鱼等小型鱼用盐腌制后发酵一段时间，取顶端澄清层制作而成。因厂家不同，所产的越南鱼露口味浓淡也会有所不同，建议使用前先尝试味道并根据味道进行调整。

泰国青柠叶

是一款极其清新的柑橘叶。本书中使用的是新鲜泰国青柠叶。使用新鲜泰国青柠叶时，需要去除中央较硬的叶筋，并切成碎末。

柠檬草

是一种散发着柠檬香味的香料，制作菜肴时，一般使用根部往上20cm左右的部分。叶子可以制成香草茶。本书中使用的是新鲜柠檬草，一般需要冷冻贮藏。

香酥红葱片

使用红洋葱（泰国红葱头）油炸而成。由于各国油炸红葱片的味道、口感各不相同，故建议使用泰国或越南产。

专题　越式素三明治

足立由美子

越南有一种饮食文化名为“吃斋”。“吃”是指进食，“斋”是指斋戒，故“吃斋”即“吃素”。

在越南，70%的总人口为佛教徒，农历每月的1日、15日为吃斋日，当天人们会选择吃素。此外，当地还十分流行为发愿而选择吃斋。

吃斋的话，所做的菜肴中就不能使用动物制成的越南鱼露，只能用大豆酱油调味。严格一点的话，大蒜、大葱等气味较浓的香料也是禁止使用的。大部分的越南城市内都有专门提供素食的餐饮店，市场内也有商店售卖以大豆等植物制成的“伪荤菜”——素肉、素鱼等。

当然，越南也有越式素三明治（供吃斋人食用的越式三明治）。以前，有一位爱知福慧寺（越南佛教寺庙）的住持曾去东京参加活动，在活动期间他曾售卖过越式素三明治。当时，我惊叹于越式素三明治竟如此美味，便厚着脸皮与尼僧释似心（音译）攀谈了一会儿。

据他所述，此款越式素三明治中放入了用豆皮、蘑菇为原材料制作的“火腿”和用素肉制作的“叉烧”，再加上一些用大豆做的“肉酱”，以及普通越式三明治中常见的醋拌萝卜丝、黄瓜、香菜、辣椒等。在越南，番茄酱中大多放入了一些越南鱼露用以调味，故吃斋的时候不能使用它。这时人们会使用大豆酱油、甜料酒、海带进行调味。

越式素三明治一般在越南的素食餐饮店有售。若在越南看到餐饮店有售这种越式三明治，建议购买品尝。它的味道之美，绝对会颠覆您对“伪荤菜”的看法。

爱知福慧寺制作的越式素三明治。内馅有黄瓜、醋拌萝卜丝、香菜、用豆皮和蘑菇做的“火腿”、用素肉做的“叉烧”。外观与普通的越式三明治并无不同。

图书在版编目（CIP）数据

人气店招牌三明治 / 日本柴田书店编；（日）足立由美子监修；徐菁菁译．— 北京：中国轻工业出版社，2022.12

ISBN 978-7-5184-4059-7

Ⅰ．①人… Ⅱ．①日… ②足… ③徐… Ⅲ．①西式菜肴—预制食品—制作 Ⅳ．① TS972.158

中国版本图书馆 CIP 数据核字（2022）第 117902 号

责任编辑：卢　晶　谢　兢　　责任终审：高惠京　　整体设计：锋尚设计

策划编辑：卢　晶　　责任校对：宋绿叶　　责任监印：张京华

出版发行：中国轻工业出版社（北京东长安街6号，邮编：100740）

印　　刷：北京博海升彩色印刷有限公司

经　　销：各地新华书店

版　　次：2022年12月第1版第1次印刷

开　　本：710×1000　1/16　印张：6

字　　数：150千字

书　　号：ISBN　978-7-5184-4059-7　定价：49.80元

邮购电话：010-65241695

发行电话：010-85119835　传真：85113293

网　　址：http://www.chlip.com.cn

Email：club@chlip.com.cn

如发现图书残缺请与我社邮购联系调换

200210S1X101ZYW